U0345352

渭南师范学院重点项目（14YKF003）

基于关系数据库的电力变压器故障诊断专家系统

索红军 著

科学出版社

北 京

内 容 简 介

本书介绍了专家系统目前常见的知识表示形式以及电力变压器故障诊断监测技术和原理,根据电力变压器故障诊断的特点,将模糊信息分级,对各级信息分别进行处理,利用成熟的关系型数据库技术提出一种搜索、替换、构造故障现象与诊断结果对应数据库表的推理机制,将大量的推理过程提前到专家系统学习阶段,在应用时主要进行组合搜索查询或简单的推理,提高了专家系统应用时的执行速度和效率。

全书内容丰富,条理清晰,详略得当,体现了专家系统应用的精髓,帮助读者了解电力变压器故障诊断技术及原理,领悟专家系统的结构组成,熟悉专家系统的知识表示与获取、推理过程及相关的内容,可供专家系统设计开发及相关专业人员参考。

图书在版编目(CIP)数据

基于关系数据库的电力变压器故障诊断专家系统 / 索红军著. —北京:科学出版社,2018.3

ISBN 978-7-03-056871-7

Ⅰ. ①基… Ⅱ. ①索… Ⅲ. ①关系数据库-应用-电力变压器-故障诊断 Ⅳ. ①TB4-39

中国版本图书馆 CIP 数据核字(2018)第 048899 号

责任编辑:宋无汗 刘耘彤 / 责任校对:郭瑞芝
责任印制:张 伟 / 封面设计:迷底书装

科 学 出 版 社 出版
北京东黄城根北街 16 号
邮政编码:100717
http://www.sciencep.com

北京凌奇印刷有限责任公司 印刷
科学出版社发行 各地新华书店经销
*

2018 年 3 月第 一 版 开本:720×1000 B5
2019 年 9 月第四次印刷 印张:10 3/4
字数:217 000

定价:98.00元
(如有印装质量问题,我社负责调换)

前　言

　　人工智能已进入了蓬勃发展的时期，作为人工智能的一个重要分支——专家系统，同样取得了长足的发展。我国对专家系统的研究与开发工作始于 20 世纪 70 年代末期，首先在医疗领域展开，随后很快进入农业领域。80 年代初，相继渗透到交通运输、地质勘探、气象预报等领域。专家系统的主要优点是不单纯依赖于数学模型，而且具有较为丰富与灵活的知识表达和问题求解能力，它可充分发挥人类专家根据经验和知识所进行的推理和判断能力，并将这种推理和判断能力用于各种场合的判断。近年来，专家系统更如雨后春笋般出现在故障诊断领域。故障诊断专家系统方法由于其本身所具有的优点，已经成为故障诊断领域中的一个主要方法，它不仅可以进行离线诊断，还可以用于在线的故障诊断及故障处理，与专家系统技术相结合是故障诊断技术发展的趋势。

　　电力资源早已在工农业生产及人们的生活中占据着无可替代的地位，由发电机、升压和降压变电所（站）、送电线路以及用电设备等有机连接起来的整体，构成完整的电力系统。电力系统中的每一个环节出现异常或故障，都将影响整个电力系统的正常运转。对电力系统的故障诊断，特别是在线故障诊断已经成为保证电力系统正常运转的重中之重。在当前电力系统中，电力变压器运行中出现异常现象的情况时有发生，甚至引发事故，对电力系统的安全运行造成了严重威胁。国内许多单位正积极地开展变压器的在线监测和故障诊断的研究。故障诊断与专家系统结合是当今设备故障诊断的热门话题，电力系统中电力变压器的在线监测与故障诊断目前已成为相关人员研究的热点。变压器故障是变压器本身及其应用环境综合作用和长期积累的结果，因而变压器故障的征兆多种多样，故障征兆与故障机理间的联系也错综复杂。随着计算机技术和人工智能理论的快速发展，专家系统、人工神经网络等智能技术为知识工程师诊断故障开辟了新的途径。专家系统是实现人工智能的主要形式，是目前人工智能应用研究最活跃和最广泛的应用领域之一。鉴于变压器故障诊断的专业性、经验性和复杂性，采用故障诊断专家系统诊断监测电力变压器的运行情况具有独特的优势。

　　鉴于此，作者分析了专家系统中各种知识表示形式的优缺点，针对电力变压器的特点，结合专家系统中产生式知识表示形式，以变压器油色谱分析为出发点，提出一种应用关系型数据库元组表示知识的形式，并就相应的知识获取、推理机制等做出分析，设计开发了一种应用关系型数据库表示知识的变压器故障诊断专家系统，以求推进专家系统在工农业生产中的应用，达到抛砖引玉的作用，为具有相关理论知识的读者在实践方面提供一些帮助。尽管本书没有对完整的故障诊断专家系统进行详细介绍，只是将重点放在知识表示和推理机方面，但提出的以关系数据库元组表示知识和对应的推理机制，充分利用了现有成熟的关系型数据库知识，提高了知识表示的能力和推理的效率，能够为读者在设计开发相关的专家系统方面提供一些帮助。

　　在撰写本书过程中得到西安电子科技大学王保保教授的精心指导，在此对王保保教授及为作者的学业提供支持帮助的所有老师表示深深的感谢。另外，本书的撰写也得到了渭南师范学院张郭军老师、刘军老师、王敏老师等的大力支持，陕西省农业广播电视大学渭南市分校的贺清兰老师为本书的完成提供了很大帮助，科学出版社在本书的出版过程中也提供了支持，在此一并表示感谢。本书的出版得到"渭南师范学院出版专项经费资助项目"的资助。

　　由于作者水平有限，书中难免有不足和疏漏之处，恳请同行和广大读者批评指正。

作　者

2017 年 5 月于渭南

目　　录

第1章 绪 论

自从 20 世纪 60 年代初期出现以来，专家系统（expert system，ES）[1]已有 50 多年的发展历程。专家系统作为人工智能（artifical intelligence，AI）[2]的一个重要分支，经过 50 多年的发展，已经从最初的某个方面的简单智能程序发展到今天在各行各业中解决复杂问题的比较成熟的程序。然而随着专家系统不断向深层次方向发展，核心知识表示和知识获取、匹配冲突、组合爆炸等问题变得越来越突出。特别在知识获取方面，专家系统发展已遇到瓶颈。最近几年专家系统的发展受到严重影响，甚至可以用停滞不前来形容。但专家系统仍然是最近几年的研究热点。

变压器就其用途可分为电力变压器、试验变压器、仪用变压器及特殊用途变压器。电力变压器是电力输配电、电力用户配电的必要设备；试验变压器是对电气设备进行耐压（升压）试验的设备；仪用变压器作为配电系统的电气测量、继电保护之用（PT、CT）；特殊用途的变压器分为冶炼用电炉变压器、电焊变压器、电解用整流变压器、小型调压变压器等。电力变压器是用来变换交流电压、电流并传输交流电能的一种静止的电气设备，它是根据电磁感应的原理实现电能传递的。

电力变压器是一种静止的电气设备，用来将某一数值的交流电压（电流）变成频率相同的另一种或几种数值不同的电压（电流）。当一次绕组通交流电时，就产生交变的磁通，交变的磁通通过铁心导磁作用，就在二次绕组中感应出交流电动势。二次感应电动势的高低与一、二次绕组匝数的多少有关，即电压大小与匝数成正比。电力变压器的主要作用是传输电能，因此额定容量是它的主要参数。额定容量是一个表现功率的惯用值，它表征传输电能的大小，用 kV·A 或 MV·A 表示，当对变压器施加额定电压时，根据它来确定规定条件下不超过温升限值的额定电流。较为节能的电力变压器是非晶合金铁心配电变压器，其最大优点是空载损耗值特别低。最终能否确保空载损耗值，是整个设计过程中所要考虑的核心问题。

电力变压器是电力系统中最重要的电气设备之一，也是导致电力系统事故最多的电气设备之一，其运行状态直接影响系统的安全性水平。及时发现变压器的潜伏性故障[3]，保证变压器的安全运行，从而提高供电的可靠性，是电力部门关注的一个重要问题。因此，研究电力变压器故障诊断技术，提高电力变压器的运行维护水平，具有重要的现实意义。电力变压器的故障征兆和故障类型之间常常存在复杂的非线性关系，使得故障诊断系统的数学模型很难获取，很多故障需要依靠人工专家的经验来解决。然而，人工专家又存在着极大的弊端，如人工专家的经验由于专家的离世不能保留；一个人工专家的经验有限，而又没有好办法将多个人工专家的经验结合；人工专家在工作时由于人体机能的原因导致人体困乏而产生错误等。这些弊端是人工专家所固有的[4]，无法通过努力工作等环节消除，最多只能降低故障程度。因此，对于电力变压器这类故障及其复杂的设备，故障检查与运行维护仅靠人工专家是不够的，必须有能够克服人工专家弊端的其他方法。对于这一类型的故障，故障诊断专家系统是一个很好的解决办法。

1.1　专家系统概述

近年来，人工智能迅速发展，在很多学科领域都得到了广泛应用，并取得了丰硕成果。专家系统作为人工智能一个重要的分支，是在 20 世纪 60 年代初期产生并发展起来的一门新兴的应用科学，而且正随着计算机技术的不断发展而日臻完善和成熟。专家系统是一种智能的计算机程序[5]，它能借助源自于人类的专家知识，采取一定的搜索策略，并通过推理的手段去解决某一特定领域的相关问题。专家系统内部含有大量的某个领域专家水平的知识与经验，能够利用这些相关知识和经验并采取解决问题的方法来处理该领域困难和复杂的实际问题。一般认为，专家系统有一个知识库，该知识库是由知识工程师通过知识获取手段，将领域专家解决特定领域的知识，采用某种知识表示方法编辑或自动生成某种特定表示形式存放在一起而构成的[6]。应用时通过人机接口输入信息、数据或命令，运用推理机构控制知识库及整个系统，从而求得实际问题的解。由于专家系统内部含有某个领域专家水平的大量知识和经验，而不是某个人工专家的知识和经验，因此专家系统实际上可以看作某领域多个专家的知识和经验的综合体，可以进行复杂的判断推理，以解决复杂的问题，而且经常是某个人工专家不能解决的问题。

专家系统有以下 3 个特点。

（1）启发性。专家系统是一个智能程序，能运用专家的知识和经验进行推理和判断。

（2）透明性。专家系统模拟人工专家解决问题，能解决本身的推理过程问题，回答用户提出的问题。

（3）灵活性。专家系统能不断地增长知识，修改原有知识，既可以人工干预学习（由知识工程师向知识库中添加知识等），也可以系统自学（应用现有知识库中的知识，通过推理转换等获得新的知识）。

专家系统与人工专家相比具有以下优点[7]。

（1）专家系统能够高效率、准确、不知疲倦地进行工作，而且解决实际问题时不受周围环境的影响。

（2）可以使人工专家的专长不受时间和地域的限制，以便推广、保持珍贵和稀缺的专家知识与经验。

（3）专家系统能使各领域专家的专业知识和经验得到总结和精炼，能够广泛有力地传播专家的知识、经验和能力。

（4）专家系统能汇集多领域专家的知识和经验，以及他们协作解决重大问题的能力，它拥有更渊博的知识、更丰富的经验和更强的工作能力。

（5）专家系统的研制和应用具有巨大的经济效益和社会效益。

（6）研究专家系统能够促进整个科学技术的发展，专家系统对人工智能的各个领域的发展都起了很大的促进作用，并将对科技、经济、国防、教育、社会和人民生活产生极其深远的影响。

图 1.1 是专家系统的一般结构[8]。这种结构在目前专家系统的构造中比较流行，其包括 6 个部分：知识库、推理机、综合数据库、人机接口、解释机构及知识获取机构。

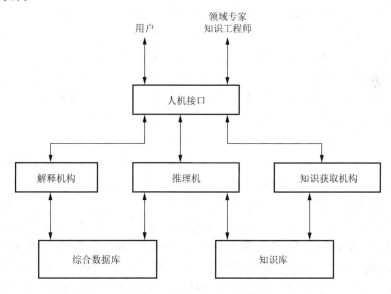

图 1.1 专家系统的一般结构

专家系统结构中最主要的部分是知识库（knowledge base）、推理机（inference engine）和知识获取机构（knowledge acquisition agency）。知识库用以存放领域专家提供的领域相关知识。知识库的建立，对专家系统能够成功推理得到相应领域专家解决问题的能力有着重要的决定意义，知识库中拥有的知识的数量和质量是影响专家系统的性能和求解问题能力的关键因素。推理机根据当前已知的事实或针对综合数据库中的当前信息，利用知识库中的知识，按一定的推理方法和搜索策略进行推理，从而求得问题的答案或证明某个结论的正确性。推理机的效率和准确性直接反映专家系统的效率和准确性等，体现了专家的思维过程。知识获取机构负责专家系统知识的获取，实现专家系统的学习，不断完善知识库。知识获取机构体现专家系统的学习能力，反映一个专家系统的发展水平和应用前景。现在知识获取成为专家系统发展的瓶颈，特别是专家系统的自学能力，一般都是根据现有知识库中的知识，通过推理转换等获得新的知识，知识获取机构还无法向人类专家一样，通过有意无意的视觉、听觉以及思维过程等获得新知识。专家系统自学获得的新知识，在实质上已经蕴含于知识库中，只是由推理转换而得到一种新的更直观的表现形式，没有这个新知识，在推理过程中再进行推理转换，同样也可以完成新知识解决问题的过程，只不过是推理过程复杂而已。

专家系统是一个智能计算机程序系统，其内部含有大量的某个领域专家水平的知识与经验，能够利用人类专家的知识和解决问题的方法来处理该领域的问题。也就是说，专家系统是一个具有大量的专门知识与经验的程序系统，它应用人工智能技术和计算机技术，根据某领域多个专家提供的知识和经验，进行推理和判断，模拟人类专家的思维、决策过程，以便解决那些需要人类专家处理的复杂问题，简而言之，专家系统是一种模拟人类专家解决领域问题的计算机程序系统。

专家系统是人工智能中最重要的，也是最活跃的一个应用领域，它实现了人工智能从理论研究走向实际应用，从一般推理策略探讨转向运用专门知识的重大突破。专家系统是早期人工智能的一个重要分支，它可以看作是一类具有专门知识和经验的计算机智能程序系统，一般采用人工智能中的知识表示和知识推理技术来模拟通常由领域专家才能解决的复杂问题。

20世纪60年代初，出现了运用逻辑学和模拟心理活动的一些通用专家系统，它们可以证明定理和进行逻辑推理。但是这些通用方法无法解决比较复杂的实际问题，很难把实际问题转换成适合于计算机解决的形式，并且对于解题所需的巨大的搜索空间也难以处理。1965年，费根鲍姆等在总结通用问题求解系统的成功与失败经验的基础上，结合化学领域的专门知识，研制了世界上第一个专家系统——DENDRAL，该系统可以推断化学分子结构。多年来，随着知识工程的研究，专家系统的理论和技术不断发展，使得专家系统的应用几乎渗透到各个领域，包括化学、数学、物理、生物、医学、农业、气象、地质勘探、军事、工程技术、法律、商业、空间技术、自动控制、计算机设计和制造等众多领域，开发了几千个专家系统，其中不少在功能上已达到甚至超过同领域中人类专家的水平，并在实际应用中产生了巨大的经济效益。

专家系统的发展已经历了三代，正在向第四代过渡和发展[9]。第一代专家系统（DENDRAL、MACSYMA等）以高度专业化、求解专门问题能力强为特点。但在体系结构的完整性、可移植性、系统的透明性和灵活性等方面存在缺陷，求解问题能力弱。第二代专家系统（MYCIN、CASNET、PROSPECTOR、HEARSAY 等）属于单学科专业型、应用型系统，其体系结构较完整，在移植性方面有所改善，而且在系统的人机接口、解释机制、知识获取技术、不确定推理技术、增强专家系统的知识表示和推理方法的启发性、通用性等方面都有所改进。第三代专家系统属于多学科综合型系统，采用多种人工智能语言，综合采用各种知识表示方法和多种推理机制及控制策略，并开始运用各种知识工程语言、骨架系统及专家系统开发工具和环境来研制大型综合专家系统。在总结前三代专家系统的设计方法和实现技术的基础上，已开始采用大型多专家协作系统、多种知识表示、综合知识库、自组织解题机制、多学科协同解题与并行推理、专家系统工具与环境、人工神经网络知识获取及学习机制等最新人工智能技术来实现具有多知识库、多主体的第四代专家系统[10]。

专家系统通常由人机接口、知识库、推理机、解释机构、综合数据库、知识获取机构 6 个部分构成，其中尤以知识库与推理机相互分离而别具特色。专家系统的体系结构随专家系统的类型、功能和规模的不同，而有所差异。

为了使计算机能运用专家的领域知识，必须要采用一定的方式表示知识。目前，常用的知识表示方式有产生式规则[11]、语义网络、框架、状态空间、逻辑模式、脚本、过程、面向对象等。基于规则的产生式系统是目前实现知识运用最基本的方法。产生式系统由综合数据库、知识库和推理机 3 个主要部分组成，综合数据库包含求解问题的世界范围内的事实和断言；知识库包含所有用"如果:〈前提〉,那么:〈结果〉"形式表达的知识规则；推理机（又称规则解释器）的任务[12]是运用控制策略找到可以应用的规则。

知识库用来存放专家提供的知识。专家系统的问题求解过程是通过知识库中的知识来模拟专家的思维方式，因此知识库是专家系统质量是否优越的关键所在，即知识库中知识的质量和数量决定着专家系统的质量水平。一般来说，专家系统中的知识库与专家系统程序是相互独立的，用户可以通过改变、完善知识库中的知识内容来提高专家系统的性能。

人工智能中的知识表示形式有产生式规则、框架、语义网络等，而在专家系统中运用得较为普遍的知识是产生式规则。产生式规则以 IF…THEN…的形式出现，就像 Basic 等编程语言里的条件语句一样，IF 后面跟的是条件（前件），THEN 后面的是结论（后件），条件与结论均可以通过逻辑运算 AND、OR、NOT 进行复合。在这里，产生式规则的理解非常简单：如果前提条件得到满足，就产生相应的动作或结论。

推理机针对当前问题的条件或已知信息，反复匹配知识库中的规则，获得新的结论，以得到问题求解结果。在这里，推理方式可以有正向推理和反向推理两种。

正向推理的策略是寻找出前提可以同数据库中的事实或断言相匹配的那些规则，并运用冲突的消除策略，从这些都可满足的规则中挑选出一个规则执行，从而改变原来数据库的内容。这样反复地进行寻找，直到数据库的事实与目标一致即找到解答，或者直到没有规则可以与之匹配时才停止。

逆向推理的策略是从选定的目标出发，寻找执行后果可以达到目标的规则，如果这条规则的前提与数据库中的事实相匹配，问题就得到解决；否则把这条规则的前提作为新的子目标，并对新的子目标寻找可以运用的规则，重复执行逆向序列搜索寻找相应规划的前提，直到最后运用的规则的前提可以与数据库中的事实相匹配，或者直到没有规则再可以应用时，系统便以对话形式请求用户回答并输入必需的事实。

由此可见，推理机就如同专家解决问题的思维方式，知识库就是通过推理机来实现其价值的。

人机接口（也称人机界面）是系统与用户进行交流时的界面。通过该界面，一方面用户可以输入基本信息，回答系统提出的相关问题；另一方面通过该界面输出推理结果及相关的解释等。

综合数据库专门用于存储推理过程中所需的原始数据、中间结果和最终结论，往往是作为暂时的存储区。解释机构能够根据用户的提问，对结论、求解过程做出说明，因而使专家系统更具有人情味。

知识获取是专家系统知识库是否优越的关键，也是专家系统设计的"瓶颈"，通过知识获取，可以扩充和修改知识库中的内容，也可以实现专家系统的自动学习功能。

专家系统的基本工作流程是用户通过人机界面回答系统的提问，推理机将用户输入的信息与知识库中各个规则的条件进行匹配，并把被匹配规则的结论存放到综合数据库中。最后，专家系统将得出最终结论并呈现给用户。

在这里，专家系统还可以通过解释器向用户解释以下问题：系统为什么要向用户提出该问题（why）？计算机是如何得出最终结论的（how）？解释器用于对求解过程做出说明，并回答用户的提问。解释机制涉及程序的透明性，它让用户理解程序正在做什么和为什么这样做，向用户提供了关于系统的一个认识窗口。在很多情况下，解释机制是非常重要的，为了回答"为什么"得到某个结论的询问，系统通常需要反向跟踪动态库中保存的推理路径，并把它翻译成用户能接受的自然语言表达方式。

领域专家或知识工程师通过专门的软件工具或编程实现专家系统中知识的获取，不断地充实和完善知识库中的知识。

根据定义，专家系统应具备以下几个功能。

（1）存储问题求解所需的知识。

（2）存储具体问题求解的初始数据和推理过程中涉及的各种信息，如中间结果、目标、字母表以及假设等。

（3）根据当前输入的数据，利用已有的知识，按照一定的推理策略解决当前问题，并能控制和协调整个系统。

（4）能够对推理过程、结论或系统自身行为做出必要的解释，如解题步骤、处理策略、选择处理方法的理由、系统求解某种问题的能力、系统如何组织和管理其自身知识等。这样既便于用户的理解和接受，也便于系统的维护。

（5）提供知识获取，机器学习以及知识库的修改、扩充和完善等维护手段。只有这样才能更有效地提高系统的问题求解能力及准确性。

（6）提供一种用户接口，这样既便于用户使用，又便于分析和理解用户的各种要求和请求。

这里强调，存放知识和运用知识进行问题求解是专家系统的两个最基本的功能。

专家系统是一个基于知识的系统，利用人类专家提供的专门知识，模拟人类专家的思维过程，解决对人类专家都相当困难的问题。一般来说，一个高性能的专家系统应具备启发性、透明性及灵活性的特征。专家系统不仅能使用逻辑知识，也能使用启发性知识，它运用规范的专门知识和直觉的评判知识进行判断、推理和联想，实现问题求解。专家系统用户在对专家系统结构不了解的情况下，都可以进行相互交往，了解知识的内容和推理思路，系统还能回答用户的一些有关系统自身行为的问题。专家系统的知识与推理机构的分离，使系统可以不断接收新的知识，从而确保系统内知识不断增长以满足商业和研究的需要。

专家系统应用领域的不同或专家系统知识表示技术等各方面的差异，都可以对专家系统进行分类，对于专家系统的分类，可以从以下方面考虑。

1. 按知识表示技术分类

基于逻辑的专家系统：知识由说明事实的谓词逻辑的子句组成，这些子句组合起来构成知识库。

基于规则的专家系统：知识表达成为一系列规则。每个规则使用 IF（条件）、THEN（结论）结构指定的关系。当满足规则的条件部分时，便激发规则，执行动作部分。

基于语义网络的专家系统：语义网络是一种用实体及语义关系来表达知识的有向图。从结构上看，语义网络是由一些用相应的语义联系关联在一起的语义单元构成的。

基于框架的专家系统：采用框架知识表示的专家系统。框架是人们认识事物的一种通用数据结构形式，即当新情况发生时，人们只要把新的数据加入该通用数据结构中便形成一个具体的实体类。

2. 按任务类型分类

解释型：可用于分析符号数据，进行阐述这些数据的实际意义。

预测型：根据对象的过去和现在的情况来推断对象的未来演变结果。

诊断型：根据输入信息找到对象的故障和缺陷。

调试型：给出自己确定的故障的排除方案。

维修型：指定并实施纠正某类故障的规划。

规划型：根据给定目标拟定行动计划。

设计型：根据给定要求形成所需方案和图样。

监护型：完成实时监测任务。

控制型：完成实施控制任务。

教育型：诊断型和调试型的组合，用于教学和培训。

最初的专家系统是人工智能的一个应用，但由于其重要性及相关应用系统的迅速发展，它已是信息系统的一种特定类型。专家系统一词是由"以知识为基础的专家系统（knowledge-based expert system）"而来，此种系统应用计算机中储存的人类知识，解决一般需要用到专家才能处理的问题，它能模仿人类专家解决特定问题时的推理过程，因而可供非专家用来提高解决问题的能力，同时专家也可把它视为具备专业知识的助理。在人类社会中，专家资源相当稀少，有了专家系统，则可使如此珍贵的专家知识获得普遍的应用。

近年来专家系统技术逐渐成熟，广泛应用在工程、科学、医药、军事和商业等方面，而且成果相当丰硕，甚至在某些应用领域还超过人类专家的智能与判断，其功能应用领域包括以下方面。

（1）解释：如测试肺部测试（PUFF）。

（2）预测：如预测可能由黑蛾造成的玉米损失（PLAN）。

（3）诊断：如诊断血液中细菌的感染（MYCIN），又如诊断汽车柴油引擎故障原因的 CATS 系统。

（4）故障排除：如电话故障排除系统 ACE。

（5）设计：如专门设计小型马达弹簧与碳刷的专家系统（MOTOR-BRUSH DESIGNER）。

（6）规划：如出名的有辅助规划 IBM 计算机主架构的布置，重安装与重安排的专家系统 CSS，以及辅助财物管理的 Plan Power 专家系统。

（7）监督：如监督 IBM MVS 操作系统的 YES/MVS。

（8）除错：如侦查学生减法算术错误原因的 BUGGY。

（9）修理：如修理原油储油槽的专家系统 SECOFOR。

（10）行程安排：如制造与运输行程安排的专家系统 ISA，又如工作站（work shop）制造步骤安排系统。

（11）教学：如教导使用者学习操作系统的 TVC 专家系统。

（12）控制：帮助 digital corporation 计算机制造及分配的控制系统 PTRANS。

（13）分析：分析油井储存量的专家系统 DIPMETER 及分析有机分子可能结构的 DENDRAL 系统。它是最早的专家系统，也是成功者之一。

（14）维护：如分析电话交换机故障原因之后，能建议人类该如何维修的专家系统 COMPASS。

（15）架构设计：如设计 VAX 计算机架构的专家系统 XCON 以及设计新电梯架构的专家系统 VT 等。

现阶段国内外专家系统的应用停留在相对狭义的以规则推理为基础的阶段，也更多针对的是实验室研究以及一些轻量级的应用，远不能满足大型商业应用的需求，实现对实时智能推理以及大数据处理的需求。

专家系统的下一步发展将以模型推理为主，以规则推理为辅，并切合商业应用需求，满足对实时以及大数据量处理的需求。

同时专家系统将朝着更为专业化的方向发展，针对具体方向性的需求提供针对性模型与产品，如基于因果有向图 CDG 的故障诊断模型和流程处理模型等。

1.2 电力变压器故障诊断的意义

变压器是一种静止电器，它通过线圈间的电磁感应，将一种电压等级的交流电能转换成同频率的另一种电压等级的交流电能。变压器的一次绕组与交流电源接通后，经绕组内流过交变电流产生磁动势，在这个磁动势作用下铁心中便有交变磁通，即一次绕组从电源吸取电能转变为磁能。在铁心中同时交（环）链原、副边绕组（二次绕组），由于电磁感应作用，分别在一、二次绕组产生频率相同的感应电动势。如果此时二次绕组接通负载，在二次绕组感应电动势作用下便有电流流过负载，铁心中的磁能又转换为电能。这就是变压器利用电磁感应原理将电源的电能传递到负载中的工作原理，如图 1.2 所示。

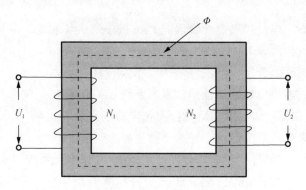

图 1.2　变压器原理

　　随着现代工农业生产规模的扩大和科学技术的大力发展，对电力的需求与日俱增。电力供应各个环节的可靠性和稳定性显得越来越重要，对各种电力供应设备的稳定性、可靠性都提出了更高的要求。为保证电力系统安全、经济、稳定运行，电力设备的故障诊断和设备的寿命预测也越来越重要。

　　近年来，随着社会对电力需求的日益增加，电网呈现出高电压、远距离、大容量的发展趋势，高压输电线路特别是超高压输电线路在电力网中所占的地位也越来越重要。超高压输电线路既担负着传送大功率的任务，又作为联合电力系统运行的联络线使用，其运行可靠性直接影响着整个电力系统的供电可靠性。由于高压输电线路工作环境恶劣，故障时极难查找，在电力系统中又是发生故障最多的地方，随着现代大电网的结构和运行方式复杂多变，故障类型越来越复杂，对保护的要求也越来越高。因此，准确而迅速地排除故障不仅满足继电保护的速动性，缩短系统恢复供电时间，还能提高电力系统的稳定性，降低运行成本。准确区分故障相是高压输电线路保护的重要前提，因此探索新的故障选相原理和方法、提高继电保护的性能是超高输电线路故障检测中的一个重要课题。

　　电力系统运行不正常的任何连接或情况均称为电力系统的故障。电力系统的故障有多种类型，如短路、断线或它们的组合。短路故障可分为三相短路、单相接地短路（简称单相短路）、两相短路和两相接地短路，注意两相短路和两相接地短路是两类不同性质的短路故障，前者无短路电流流入地中，而后者有。三相短路时三相回路依旧是对称的，故称为对称短路；其他几种短路均使三相回路不对称，因此称为不对称短路。断线故障可分为单相断线和两相断线。断线又称为非全相运行，也是一种不对称故障。在大多数情况下，电力系统中一次只有一处故障，称为简单故障或单重故障，但有时可能有两处或两处以上的故障同时发生，称为复杂故障或多重故障。

　　短路故障一旦发生，往往造成十分严重的后果，主要有以下几种情况。①电流急剧增大。短路时的电流要比正常工作的电流大得多，严重时可达正常电流的十几倍。大型发电机出线端三相短路电流可达几万甚至十几万安培，这样大的电流将产生巨大的冲击力，使电气设备变形或损坏，同时会大量发热使设备过热而损坏。有时短路点产生的电弧可能直接烧坏设备。②电压大幅度下降。三相短路时，短路点的电压为零，短路点附近的电压也明显下降，这将导致用电设备无法正常工作。例如，异步电动机转速下降，甚至停转。③可能使电力系统运行的稳定性遭到破坏。电力系统发生短路后，发电机输出的电磁功率减小，而原动机输入的机械功率来不及相应减小，从而出现不平衡功率，这将导致发电机转子加速。有的发电机加速快，有的发电机加速慢，从而使得发电机相互间的角度差越来越大，这就可能引起并列运行的发电机失去同步，破坏系统的稳定性，引起大片地区停电。④不对称短路时系统中将流过不平衡电流，会在邻近平行的通信线路中感应出很高的电势和很大的电流，对通信产生干扰，也可能对设备和人身造成危险。在以上后果中，最严重的是电力系统并列运行稳定性的破坏，被喻为国民经济的灾难，其次是电流的急剧增大。除此之外，电力系统中还可能出现一些不正常的工作状态。例如，电气设备超过额定值运行（称为过负荷），它也将使电气设备绝缘加速老化，造成故障隐患甚至发展成故障；发电机尤其是水轮发电机突然甩负荷引起定子绕组的过电压、电力系统的振荡、电力变压器和发电机的冷却系统故障以及电力系统的频率下降等。系统中的故障和不正常运行状态都可能引起电力系统事故，不仅使系统的正常工作遭到破坏，而且可能造成电气设备损坏和人身伤亡。

在输电线路发生故障的初始瞬间，通常都有一个既包含直流分量，又包含高频暂态分量的暂态故障信号，其所包含的信息是继电保护动作的依据，因此需要先对采样的故障信号进行处理，以便获得有意义的特征量。但高压输电线路的距离比较长，输电线路之间存在互感耦合，只有在故障发生的初始瞬间故障信号才明显表现出来，故障信号具有不容易识别等特点，而电力系统本身又是一个容易受环境干扰的动态系统，因而要准确地对故障进行检测与分类，并防止故障进一步发生是非常困难的。因此，借助现代各种数字信号处理工具和方法准确地对故障信息的特征进行提取与分类就显得十分必要，特别是近年来基于暂态量原理的保护更需要快速、可靠的故障类型识别元件。

电力系统的安全运行关系到国民经济建设以及人们的日常生活，因此对电力设备运行可靠性的要求不断提高。在现代电气设备的运行和维护中，电力变压器是输变电系统中最重要的设备之一。变压器作为电力系统重要的变电设备，担负着电压变换和电能传输的任务，其运行状态将直接影响供电的可靠性和整个系统的正常运行。变压器一旦发生事故，造成的直接和间接经济损失是很大的。因此，变压器的故障监测与诊断一直以来是国内外电力系统部门所重视的科研项目。尤其是通过监测油中溶解特征气体含量，监视变压器的运行，判断潜伏性故障已成为保证变压器安全运行的重要手段。

电力变压器作为主要的电力设备,贯穿于电力供应的整个环节,起着至关重要的枢纽作用,因而对电力变压器的故障诊断、寿命预测、日常维护等更具有实用性和重要性。特别是故障诊断,电力变压器的一些突发故障或积累故障可能导致电力供应完全中断,造成非常严重的后果,因此故障诊断尤为重要。但是,变压器的故障诊断[13]是一个非常复杂的问题,而且许多情况下,为了不停电,状态测试的环境和条件都受到了限制,各种试验方法和测试仪器只是起到获得变压器运行状态信息的作用,反映运行状态的数据常常不够全面,并经常混杂着干扰信息。要从这些信息中做出正确判断,需要工作人员具有非常丰富的运行和维护经验。

电力变压器也是导致电力系统事故最多的电气设备之一,其运行状态直接影响系统的安全性水平。及时发现变压器的潜伏性故障,保证变压器的安全运行,从而提高供电的可靠性,是电力部门关注的一个重要问题。因此,研究变压器故障诊断技术,提高变压器的运行维护水平,具有重要的现实意义。故障征兆和故障类型之间常常存在复杂的非线性关系,使得故障诊断系统的数学模型很难获取,制约了电力变压器故障诊断的发展。

电力设备常引起电网故障,甚至导致系统崩溃瓦解,其危害极大,所造成的人员伤亡、经济损失非常严重。因此,运行中的电气设备的绝缘状态对电力系统的安全运行至关重要,要求电业工作人员必须加强电气设备绝缘的监测与诊断,及时发现隐患以确保电力设备和人身安全。我国 2000 年间,110kV 及以上等级电力变压器事故统计分析表明,由于短路强度不够、结构设计不合理、制造工艺及材质控制不严等绝缘劣化引起事故的台次占事故总台次的 65.7%和总事故容量的 73.7%。由此可见,变压器发生事故的原因 70%与制造过程有关。变压器的运行维护、试验和检修,发现和消除了不少存在的缺陷,避免了部分事故的发生。

若能在电力变压器运行过程中通过某些检修和试验,及时有效地判断其状态,预先发现早期潜伏性故障,从而减少事故的发生,将对电力系统的安全运行产生重要的意义。

(1)我国电力行业普遍推行定期检修,但由于检修计划缺乏针对性,容易导致过度检修和检修不足的双重弊端。对电力变压器的故障诊断将会避免重复性和不必要的某些定期大修和小修,从而降低了维修费用,避免了浪费,同时也有效地降低了故障发生率。避免传统试验对电气设备由于"过度检修"造成的巨大损失,有效地延长了设备的使用寿命,使设备检修达到优化配置。采取状态监测与故障诊断技术后,可以使预防性维修向预知性维修,即"状态维修"过渡,从"到期维修"过渡到"该修则修"。同时,也为变电站"无人化"创造了条件。

(2)由于我国幅员辽阔,各地的环境状况差别很大,气压、温度、湿度、氧气的含量和空气的流通程度等标志环境状况的指标对绝缘击穿电压、绝缘老化速度等绝缘性能有很大影响。因此，了解变压器运行时所处的工作环境及负载性能状况，有助于准确判断变压器的故障性质和故障部位，并且，变压器发生故障时，常会有一个渐变过程。变压器的投运时间不同，所经历的过电压、过电流情况以及维护使用情况都不尽相同，故障发生的趋势也就不同。例如，用油中溶解气体分析（discolved gas analysis，DGA）法进行色谱分析时，由于油中气体的产生与运行检修情况有关，如冷却系统的油泵故障、油箱带油补焊、油流继电器接点火花和注入油本身未脱净等，这些都将影响油中气体的含量。因此，若油中气体分析认为可能存在内部故障，还应结合运行检修情况及外部检查进行综合判断。这样对记录变压器的投运时间、运行、检修及检修工作中所发现的缺陷，不仅有助于准确判断其故障类型及故障发生的部位，而且可防止设备遗漏或盲目所造成的浪费。

（3）运行中的变压器发生不同故障时，会产生异常现象或信息。故障分析就是收集变压器的异常现象或信息，根据这些异常现象或信息进行分析，从而判断故障的类型、部位和严重程度，对其发展趋势做出科学预测和诊断，以及对设备的设计、制造和装配等提出改进意见，为设备全寿命阶段现代化管理提供科学依据和建议。

国内外许多的资料表明，开展故障诊断的经济效益是明显的，据日本统计，在采用诊断技术后，事故率减少了75%，维修费降低了25%～50%；英国对2000个国营工程的调查表明，采用诊断技术后每年节省维修费3亿英镑，用于诊断技术的费用仅为0.5亿英镑，净获利2.5亿英镑。如果在我国推广故障诊断技术，每年可减少事故50%～70%，节约维修费用10%～30%，效益相当可观。因此，开展变压器故障诊断技术理论与实际应用方面的研究具有十分重要的意义[14]。

因此，研究分析变压器的状态监测与故障诊断技术，保证电力变压器安全可靠运行，保障送电、变电的安全，是一个直接影响工农业发展和科学技术发展的现实问题。世界各国都投入了大量的资金开展变压器状态监测与故障诊断技术的研究，并在变压器状态监测与故障诊断技术上取得了一定的进展。

1.3 专家系统在电力设备故障诊断中的应用

电气设备在设计和使用过程中，由于人为和环境原因，会存在一定的缺陷，如断路器跳闸设计存在的缺陷、变压器油箱漏油的缺陷和电气设备绝缘老化的缺陷等，这些缺陷如果没有及时、正确处理，就会引起电力故障，危及电网运行安全，严重时还会引起重大电网事故。在处理电气设备缺陷方面，传统方法是运行人员在发现设备缺陷时，根据自己的经验结合设备说明书、原来的设备记录，甚至寻找厂家帮忙等手段查找缺陷原因和处理方法。显然，这种查找分析方法既耗费大量的时间、人力和物力，也容易出错，引起更大的电力事故。随着科技的进步，电网的发展，使电气设备更加复杂精密，电网的安全稳定运行更加重要，因此需要更专业人员的指导对设备缺陷进行快速准确的处理[15]。

作为人工智能应用领域最活跃的一个分支，专家系统始终是研究的热点。它是在某一特定领域，在一定推理机制的逻辑判断下，运用专家丰富的知识和经验，对问题进行分析和处理。

专家系统是一个在某个特定领域内，用人类专家水平去解决该领域中难以用精确数学模型表示的困难问题的计算机程序。专家系统的基本思想是让计算机能够存储某一领域的专门知识，并能像专家那样有效地利用这些知识去解决该领域的复杂问题，也就是说它利用这些知识提供与专家水平相当的决策支持，并能证明其推理是正确的。当前，电力系统中尚有不少问题难以建立数学模型，只能靠专家经验求解。例如，电力设备的故障诊断，主要依据监测数据和经验数据进行比较后，根据运行人员的经验判断，得出故障性质与部位。这类难以建立数学模型，主要依靠经验求解的问题，恰好是专家系统的优势。故障检测、诊断技术与专家系统相结合，使工程的安全性与可靠性得到保证。

故障诊断专家系统除了具备专家系统的一般结构外，还具有以下特殊性。

（1）知识可以从类似的机器和工作实际、工作经验、诊断实例中获取，即知识来源比较规范。

（2）诊断对象多为复杂的、大型的动态系统，这种系统的大部分故障是随机的，普通人很难判断，这时就需要通过讨论或请专家来进行诊断。但对于一些新型机器，可能无处获得诊断知识，或者对于非定型生产的机器，由于其工作特性和常用机器相比差异很大，知识获取也十分困难，而专家系统恰恰适用于复杂的、知识来源规范的大型动态系统，它可以集众多专家的知识进行分析、比较、推理，最终得出正确的结论。现场技术人员可以充分利用各种信息和征兆，在计算机系统的帮助下有效地解决工程实际问题，这也是故障诊断专家系统近年来成为热门研究课题的原因。

专家系统自 20 世纪 70 年代后期开始应用于电力工业中以来，在电力系统的许多研究方向上都取得了突飞猛进的发展。目前，专家系统在电力系统中的应用涵盖了电力系统的许多方面，如电力系统规划、故障诊断、电力系统控制和系统分析等。现如今，国内也有许多院校、生产单位在从事电力系统的故障诊断方面的工作。较成熟的专家诊断系统多集中于汽轮机、发电机、大型电力变压器等电力系统主要设备，如由原华中理工大学研制的汽轮机状态监测、能损分析、故障诊断专家系统，电力变压器故障诊断专家系统等。

目前，专家系统在电力系统中的应用领域非常广阔，在规划、设计、分析、控制、仿真、培训以及故障诊断等多方面取得了很多应用成果。电力变压器由于在电力系统中的特殊地位，国内外利用多种人工智能技术在变压器故障诊断专家系统的研究和开发上做了大量的工作。国内开发变压器故障诊断专家系统开始于20 世纪 80 年代末和 90 年代初，主要是理论研究和设想，并且大多数集中在对油中气体色谱结果的分析上，生成的程序比较简单，只有极少数形成了实用的专家系统。在这些少数的实用专家系统中，不是考虑的范围十分有限，就是系统结构不健全，逻辑结构过于简单，不具备自我更新的能力，不能满足现场诊断的要求。

1.4 小 结

本章首先对专家系统做了简要的概述，从专家系统的组成、基本原理、特点、优势以及应该具备的功能等方面进行了说明。专家系统是一种智能计算机程序，它包含的数据库能够存储大量的知识，又具有学习和推理的能力，因此能够模拟人类完成一些智能化的工作，而且在某些方面能够超过人类。存放知识和运用知识进行问题求解是专家系统两个最基本的功能。专家系统具有启发性、透明性和灵活性 3 个特征，和人工专家比较有很大的优势，如高效准确地工作，不受时间和地域的限制，能够汇集多领域、多专家的知识和经验等。专家系统目前在多个领域都有应用，在工程、科学、医药、军事、商业等方面成果相当丰富。

电力系统中，变压器是一个其他任何设备都无法替代的关键设备，保证其安全稳定地运行对电力系统正常运转具有重要意义，但事实上电力变压器的故障又不可避免，而且经常需要在变压器工作状态下检测其故障。另外，由于我国幅员辽阔，各地环境状况差异大，定期的变压器检修缺乏针对性，容易导致过度检修和检修不足的双重弊端，因此电力变压器故障诊断原理、方法及过程等都特别重要。当前，电力变压器的故障诊断，主要依据监测数据和经验数据进行比较后，根据运行人员的经验判断，得出故障性质与部位。这类难以建立数学模型、主要依靠经验求解的问题，恰好是专家系统的优势，故此提出电力变压器故障诊断专家系统。

第2章 电力变压器常见故障诊断方法与分析

电力变压器的故障诊断是个非常复杂的问题，许多因素，如变压器容量、电压等级、绝缘性能、工作环境、运行历史甚至不同厂家的产品等均会对诊断结果产生影响。电力变压器按照冷却方式划分，可分为油浸式风冷变压器、油浸式自冷变压器、油浸强迫油循环风冷式变压器、油浸强迫油循环水冷却变压器和干式变压器。

油浸式变压器组成部件包括器身（铁心、绕组、绝缘和引线）、油浸式变压器油、油箱和冷却装置、调压装置、保护装置（吸湿器、安全气道、气体继电器、储油柜及测温装置等）和出线套管。油浸式变压器是电力系统中主要用来改变电压、传递电能的重要设备，是电网安全、经济运行的基础，主要根据电磁感应原理进行工作。在闭合的铁心上，绕有两个互相绝缘的绕组，其中，接入电源的一侧为一次绕组，输出电能的一侧为二次绕组。当交流电源电压加到一次绕组上，就有交流电流通过该绕组，在铁心中产生交变磁通。这个交变磁通不仅穿过一次绕组，同时也穿过二次绕组，两个绕组中分别产生感应电势 E_1 和 E_2。这时，如果二次绕组与外电路的负载接通，便有电流流入负载，即二次绕组有电能输出，原理图参见图 1.2。

油浸式变压器具有以下功能特点。

（1）油浸式变压器低压绕组除小容量采用铜导线以外，一般都采用铜箔绕抽的圆筒式结构；高压绕组采用多层圆筒式结构，使之绕组的安匝分布平衡，漏磁小，机械强度高，抗短路能力强。

（2）铁心和绕组各自采用紧固措施，器身高、低压引线等紧固部分都带自锁防松螺母，采用了非吊心结构，能承受运输的颠震。

（3）线圈和铁心采用真空干燥，变压器油采用真空滤油和注油的工艺，使变压器内部的潮气降至最低。

（4）油箱采用波纹片，油浸式变压器具有呼吸功能来补偿因温度变化而引起油的体积变化，因此该产品没有储油柜，从而降低了变压器的高度。

（5）波纹片取代了储油柜，使油浸式变压器油与外界隔离，这样就有效地防止了氧气、水分的进入而导致绝缘性能的下降。

根据以上 5 点性能，保证了油浸式变压器在正常运行时不需要换油，大大降低了变压器的维护成本，同时延长了变压器的使用寿命。

油浸式变压器设计结构合理、损耗低、噪声小、过载能力强、安装灵活、体积小、操作维护方便，可广泛用于高层建筑、商业中心、地铁、机场、车站、工矿企业、钻井平台和采油平台，特别适用于易燃、易爆等防火要求高，以及环境恶劣的场所。

简单地说，干式变压器就是指铁心和绕组不浸渍在绝缘油中的变压器，其广泛用于局部照明、高层建筑、机场以及码头计算机数字控制（computer number control，CNC）机械设备等。干式变压器冷却方式分为自然空气冷却（AN）和强迫空气冷却（AF）。自然空气冷却时，变压器可在额定容量下长期连续运行。强迫空气冷却时，变压器输出容量可提高 50%，适用于断续过负荷运行，或应急事故过负荷运行。由于过负荷时负载损耗和阻抗电压增幅较大，处于非经济运行状态，故不应使其处于长时间连续过负荷运行。干式变压器主要分为开启式、封闭式、浇注式 3 种形式。

开启式是一种常用的形式，其器身与大气直接接触，适用于比较干燥而洁净的室内（环境温度 20℃时，相对湿度不应超过 85%），一般有空气自冷和风冷两种冷却方式。封闭式器身处在封闭的外壳内，与大气不直接接触，由于密封、散热条件差，主要用于矿用，属于防爆型。浇注式用环氧树脂或其他树脂浇注作为主绝缘，其结构简单、体积小，适用于较小容量的变压器。

目前，对于大型油浸式电力变压器，通过分析绝缘散热油，监测油中相关气体的成分和含量，通过气相色谱法进行故障诊断和监测。本书描述系统主要以油浸式电力变压器为主进行故障诊断与分析。

2.1　电力变压器故障原因和类型

电力变压器作为一种能量转化的设备，它在电压的转变以及电流的运输过程中有着不可取代的地位，在电力系统中处于最核心的地位。电力变压器发生故障，会导致电力供应发生中断，甚至会引发火灾等一系列安全事故，还可能由于断电而导致其他部门产生次生灾害，这将会对社会生活以及经济的发展造成重大的损失。因此，加强电力变压器的故障分析，保证电力变压器的正常运行，已成为一种绝对的必要，它能为电力系统提供一个安全的、稳定的、高效的运作环境，确保经济生产井然有序以及人民生活正常稳定。

电力变压器是贯穿于整个电力系统的一个设备，变压器制造工艺不同、运行环境的变化、负载的变化、日常维护情况的差异等，都会导致变压器发生各种各样的故障。产生这些故障的原因千差万别，为了分析电力变压器的故障，有必要熟悉变压器故障产生的原因，清楚变压器故障的类型，掌握变压器故障修复技术。特别是应该熟悉掌握变压器的日常维护技术，以预防为主，减小变压器出现故障的概率，尽可能使变压器工作在一个良好的状态。

2.1.1　变压器故障原因

变压器发生故障的原因很多，总的来说可以归结为设计制造方面的原因、运行维护方面的原因以及正常老化和突发事故的原因[16]。

在设计制造方面，设计上存在缺陷、制造工艺不过关、质量把关不严，都可能导致客观上存在故障隐患。或者生产厂商为了节省成本，制造时采用了低质量的材料、偷工减料等致使变压器实际参数与标注参数有差别等，也可能导致主观上存在故障隐患。

在运行维护方面，安装不良和保护设备选用不当、超负荷运行、变压器的附属设备质量不过关等，都可能导致变压器发生故障。或者附属设备有故障未及时检修，变压器小故障未及时检修等，也都会导致新的、更严重的故障。

变压器在运行过程中，各种材料都会发生老化，特别是绝缘材料。绝缘材料的老化容易导致短路，发生其他严重的故障。另外，异常过电压、外部短路、自然灾害及外界因素等会导致变压器发生故障。

2.1.2　变压器故障分类

变压器由于结构复杂、运行的环境多种多样、故障类型众多，大体上可以按照故障发生的部位、故障发生的过程及故障的性质进行分类。

按故障发生的部位分类，变压器有外部故障和内部故障。外部故障一般包含油箱泄露、油箱焊接质量不好、密封垫圈损坏、冷却装置异常、短路现象和附属设施故障等；内部故障一般包含绝缘击穿、内部断线、电压分节开关控制不到位、引线绝缘薄弱和绝缘油老化等。

按故障发生的过程分类，变压器故障有突发性故障和累积性故障。突发性故障包含由异常电压下导致的绝缘击穿、外部短路事故引起的绕组变形、层间短路、自然灾害和辅机的电源停电等；累积性故障是由潜伏性故障发展而形成的故障。未发现的潜伏性故障或未及时处理的故障，都可能导致新的故障发生。

按故障的性质分类，变压器故障体现在电路方面的故障、磁路方面的故障等。

2.1.3　常见故障的分析处理

1. 变压器油质变坏

变压器中的油，由于长时间使用而没有更换，其中漏进了雨水或浸入了一些潮气，再加上变压器中的油温经常过热，容易造成油质变坏。而油质变坏则导致变压器的绝缘性能受到很大的影响，这种情况就非常容易引起变压器的故障产生。如果是新近投运的变压器，它的油色会呈浅黄色，在使用一段时间后，油色将会变成浅红色。当如果发现油色开始变黑，这种情况下为了防止外壳与绕组之间，或线圈绕组间发生电流击穿，就要立刻进行取样化验。经化验后，若油质合格则继续使用，若不合格就必须对绝缘油进行过滤和再生处理，让油质达到合格要求后再进行使用。

2. 内部声音异常

变压器如果运行正常，其中产生的电磁交流声的频率会相当稳定，而如果变压器的运行出现问题，变压器中就会偶尔产生不规律的声音，表现出异常声音现象。这种情况产生的几种主要原因是变压器进行过载运行，这种情况变压器内部就会有沉重的声音产生；变压器中的零件松动，在变压器运行时就会产生强烈而不均匀的噪声；变压器的铁心最外层硅钢片未夹紧，在变压器运行时就会产生震动，同样会产生噪声；变压器顶盖的螺丝松动，变压器在运行时也发出异响；变压器的内部电压如果太高，铁心接地线会出现断路或外壳闪络，外壳和铁心感应出高电压，变压器内部同样会发出噪声；变压器内部产生接触不良或击穿，会由于放电而发出异响；变压器中出现短路和接地时，绕组中出现较大的短路电流，会发出异常的声音；变压器产生谐波和连接了大容量的用电设备时，由于产生的启动电流较大，亦会造成异响。

3. 自动跳闸故障

在变压器的运行过程中，突然出现自动跳闸时，要进行外部检查，查明跳闸原因。如果在检查后确定是由于操作人员的操作不当或者是由外部故障造成的，就可越过内部检查环节，直接投入送电。如果发生了差动保护动作，就要对保护范围中的设备进行全面、彻底的检查。其中要注意变压器中有不少可燃性的物质，而内部故障有可能造成火灾，如果没有得到及时的处理，甚至有可能造成爆炸。可能导致变压器着火的因素有下面几种：内部故障导致变压器散热器和外壳破裂，有油燃烧着从变压器中溢出；在油枕的压力下，变压器中的油流出后在变压器顶盖上燃烧；变压器套管的破损和闪络等。这些事故发生时，变压器就会自发产生保护动作，断路器就会自动断开。若断路器因某些原因而没有自动断开，就要通过手动来完成，立刻停止冷气设备并关上电源，进行扑救火情。变压器的灭火要使用泡沫灭火器，在火势紧急时还可以使用沙子灭火。

4. 油位过高或过低

变压器正常运行时，油位应保持在油位计的 1/4～1/3。如果变压器的油位过低，油位低于变压器上盖，则可能导致瓦斯保护及误动作，情况严重时，甚至有可能使变压器引线或线圈从油中露出，造成绝缘击穿。若是油位过高，则容易产生溢油。长期漏油、温度过低、渗油、检修变压器放油之后没有进行及时补油等是产生油位过低的主要原因。影响变压器油位变化的因素有很多种，如冷却装置运行状况的变化、壳体渗油、负荷的变化以及周围环境的变化等。除漏油外，油温上升或下降会直接决定着油位上升或下降。因此，在装油时，一定要根据当地气温选择合适的注油高度。变压器油温受负荷及环境因素变化的影响，如果油温出现变化，但起油标中油位没有跟着出现变化，那么油位就是一个假象，造成这种状况的原因可能是油标管堵塞、呼吸管堵塞、防爆管通气孔堵塞等。这就要求值班人员要经常对变压器的油位计的指示状况做出检查，如果油位过低，就要查明其原因并实施相应措施，而如果油位过高，就适当放油，让变压器能够安全稳定地运行。

5. 瓦斯保护故障

瓦斯保护是变压器内部故障的主要保护元件，其中轻瓦斯作用于信号，而重瓦斯则作用于跳闸。瓦斯保护的动作灵敏可靠，因此能有效监视变压器内部大部分故障。一般来讲，引起瓦斯保护动作有下面几种原因。

（1）在变压器进行加油或滤油时，带入变压器内部的空气没有及时排出，导致油温在变压器运行时升高，并逐渐排出内部空气，从而引发瓦斯保护动作。

（2）变压器发生了穿越性短路或内部故障产生气体，都会让瓦斯保护动作出现。当出现瓦斯保护动作时，如果检查中并没有发现任何异常状况，就要立刻收集瓦斯继电器中产生的气体，并经过试验分析。如果气体无色无味且不燃烧，则可认为是由于空气侵入了变压器内部，如果是这种情况，那么变压器就是正常的，只要将瓦斯继电器中浸入的气体放出就行，同时注意观察信号动作之间的时间间隔是否在一直变长，并在不久后消失。如果是可燃性气体，则可表明变压器发生了内部故障，这时就要立刻关闭变压器的电源，并进行电气测试，找出产生故障的原因进行检修。

（3）变压器内部有严重故障发生而引发瓦斯保护动作。

（4）变压器保护装置中的二次回路发生故障而引发瓦斯保护动作。

（5）新近安装投入使用或者大修后运行的变压器，有可能会由于变压器油中的空气产生过快分离而形成保护动作以及跳闸。

（6）变压器内部的油位下降速度过快而引起瓦斯的保护动作。在变压器发生瓦斯保护动作或者跳闸后，工作人员应立即停止变压器的运行，并对变压器做出外部检查。检查变压器中油位是否正常、防爆门是否完整、绝缘油是否有喷溅现象和外壳是否鼓起等。还要对变压器内部的气体进行收集并做出分析，然后进行变压器内部故障性质鉴定，在检修完成和经测验合格后，才能再次投入使用。

6. 变压器油温突增

变压器油温突增，其引起的主要原因是内部紧固螺丝接头松动、冷却装置运行不正常、变压器过负荷运行以及内部短路闪络放电等。在正常的情况下，变压器上层油温必须在 85℃ 以下，如果没有在变压器的本身配置温度计，则可用水银温度计在变压器的外壳上测量温度，正常温度要保持在 80℃ 以下。如果油温过高，要对变压器是否过负荷以及冷却装置的运行状况进行检查。若变压器在进行超负荷运行，要立刻减轻变压器的负荷，如果变压器的负荷减轻后，温度依然如此，就要立刻停止变压器运行，对其故障原因进行查找。

7. 绕组故障

绕组故障主要包括相间短路、绕组接地、接头开焊、接头断线和匝间短路等。引发这些故障的主要原因主要有以下几种。

（1）变压器在制造和后期进行检修时，造成了绝缘局部损坏，留下了后遗症。

（2）变压器在运行中因散热不良或长期过载，温度长期过高，使绝缘产生老化。

（3）变压器的制造工艺不良，压制不紧，机械强度无法承受短路冲击，让绕组变形，绝缘损坏。

（4）变压器的绕组受潮，导致绝缘膨胀堵塞油道，致使局部过热。

（5）变压器中的绝缘油与空气接触面积太大，或混入水分出现劣化，造成油的酸价变高，绝缘能力下降，或者油面过低让绕组暴露到空气中，而没得到及时的处理。这些都可能造成绝缘击穿，从而形成短路或绕组接地故障。如果出现匝间短路，各相直流电阻出现不平衡，电源侧电流轻微增大，油温增高，变压器过热，甚至在油中不停地产生冒泡声。轻微的匝间短路，可引起瓦斯保护动作，而匝间短路严重则可造成差动保护动作或者电源侧的过流保护。匝间短路经常会引起更严重的单相接地或相间短路等故障，因此如果发生匝间短路要尽快处理。

8. 附属设备故障

电力变压器在工作过程中，需要有很多附属设备配合才能够正常工作，如避雷器和电流互感器等。这些附属设备发生故障，都会对变压器的正常工作产生极大影响。

2.1.4　变压器日常维护

在变压器的日常维护工作中，要做到实时监视变压器的运行状况，特别是在过负荷运行时，更是要缩短监控的周期。定期巡视变压器的电压、电流、上层油温等，并经常对变压器的外部进行检查。日常维护的具体工作包括对套管、磁裙的清洁程度进行检查并及时做好清理工作，以保证套管与绝缘子的清洁，避免闪络事故的发生；冷却装置运行时，要确认冷却器进油管和出油管的蝶阀，保证入口干净无杂物，散热器通畅进风；风扇在运行中运转是否正常，有无明显振动及异常声音；潜油泵的转向是否正确；冷却器有无渗漏油现象，有无异常声音及振动；分路电源自动开关闭合是否良好。此外，定期检查分接开关，包括接触的定位、转动灵活性和紧固等。还要定期测试变压器的线圈、避雷器和套管等，避雷器接地必须可靠，引线要尽可能短，接地电阻要小于 5Ω。同时要定期试验检查相关的消防设施。

在实际现场操作中，通过变压器的温度、声音、外观、油位以及其他现象对电力变压器故障进行的判定，只能作为变压器故障的初步判定。因为变压器的内部故障不是一种单一的直观反映，其中涉及诸多因素，甚至有时还会出现假象。所以，在判断故障时，必须结合电气试验、油质分析以及设备检修、运行等情况进行综合分析，对故障的原因、部位、部件或绝缘的损坏程度等做出准确判定，才能制定出合理的处理方案。

2.2　电力变压器故障检测诊断技术及相关案例

变压器故障的检测技术是准确诊断故障的主要手段，传统检测手段主要包括油中可燃性气体的色谱分析、直流电阻检测、绝缘电阻检测、吸收比、极化指数检测、绝缘介质损耗检测、局部放电检测、油质检测及绝缘耐压试验（包括感应耐压）等。随着技术的进步，有许多新的技术得到了发展应用，如红外测温、绕组变形或低电压下短路阻抗测量、糠醛分析或绝缘纸聚合度的测量和内窥镜直接检测变压器内部状况等。

各种基本检测项目及特点[3]如表 2.1 所示。

表 2.1　变压器故障基本检测项目及特点

序号	检测项目	可能发现的故障类型				
		整体故障	由电极间桥路构成的贯穿性故障	局部故障	磨损与污闪故障	电气强度降低
1	油色谱分析	受潮、过热、老化故障	高温、火花放电	较严重局部放电	沿面放电	放电故障
2	直流电阻检测	线径、材质不一	分接开关不良	接头焊接不良	分接开关触头不良	不能发现
3	绝缘电阻检测	受潮等贯穿性缺陷	随试验电压升高而电流的变化能发现	不能发现	能发现	配合其他试验判断

续表

序号	检测项目	可能发现的故障类型				
		整体故障	由电极间桥路构成的贯穿性故障	局部故障	磨损与污闪故障	电气强度降低
4	吸收比	发现受潮程度灵敏	灵敏度不高	灵敏度不高	灵敏度不高	不能发现
5	极化指数检测	发现受潮程度灵敏	能发现	灵敏度不高	灵敏度不高	不能发现
6	绝缘介质损耗检测	能发现受潮及离子性缺陷	大体积试品不灵敏	大体积试品不灵敏	能发现	配合其他试验判断
7	局部放电检测	能发现游离变化	不能发现	能发现电晕或火花放电	能发现沿面放电	能发现
8	油质检测	能发现	不能发现	不能发现	能发现	能发现
9	绝缘耐压试验	能发现	有一定有效性	有效性不高	有效性不高	能发现
10	红外测温	套管接线、漏磁形成的涡流造成箱体局部过热、套管及油枕的油位变化				
11	绕组变形或低电压下短路阻抗测量	绕组受电动力的冲击或外力冲击发生局部变形或整体位移				
12	糠醛分析或绝缘纸聚合度的测量	内部过热涉及纸绝缘、纸绝缘寿命终点的判断				
13	内窥镜直接检测变压器内部状况	对变压器内部状况的直观检测、异物的查找				

在变压器故障诊断中应综合各种有效的检测手段和方法，对得到的各种检测结果要进行综合分析和评判。不可能具有一种包罗万象的检测方法，也不可能存在一种面面俱到的检测仪器直接对故障做出有效诊断，只有通过各种有效的途径和利用各种有效的技术手段，同时结合变压器的运行状况、检修状况、外部环境等因素，进行相互补充、验证和综合分析判断，才能取得较好的诊断效果。

2.2.1 变压器油中气体色谱检测技术

目前，在变压器故障诊断中，单靠电气试验方法往往很难发现某些局部故障和发热缺陷，而通过变压器油中气体的色谱分析这种化学检测的方法，对发现变压器内部的某些潜伏性故障及其发展程度的早期诊断非常灵敏而有效，这已被大量故障诊断的实践所证明。

油色谱分析[17]的原理是基于任何一种特定的烃类气体的产生速率随温度而变化，在特定温度下，往往有某一种气体的产气率会出现最大值，随着温度升高，产气率最大的气体依次为甲烷（CH_4）、乙烷（C_2H_6）、乙烯（C_2H_4）、乙炔（C_2H_2）。

这也证明在故障温度与溶解气体含量之间存在着对应的关系。而局部过热、电晕和电弧是导致油浸纸绝缘中产生故障特征气体的主要原因。

变压器在正常运行状态下，由于油和固体绝缘会逐渐老化、变质，分解出极少量的气体（主要包括氢气（H_2）、甲烷（CH_4）、乙烷（C_2H_6）、乙烯（C_2H_4）、乙炔（C_2H_2）、一氧化碳（CO）、二氧化碳（CO_2）等多种气体）。当变压器内部发生过热性故障、放电性故障或内部绝缘受潮时，这些气体的含量会迅速增加。

油过热：主要增大的是 CH_4、C_2H_4，次要增大的是 H_2、C_2H_6。

油纸过热：主要增大的是 CH_4、C_2H_4、CO、CO_2，次要增大的是 H_2、C_2H_6。

油纸中局部放电：主要增大的是 H_2、CH_4、C_2H_2、CO，次要增大的是 C_2H_6、CO_2。

油中火花放电：主要增大的是 C_2H_2、H_2。

油中电弧：主要增大的是 H_2、C_2H_2，次要增大的是 CH_4、C_2H_4、C_2H_6。

油纸中电弧：主要增大的是 H_2、C_2H_2、CO、CO_2，次要增大的是 CH_4、C_2H_4、C_2H_6。

受潮或油有气泡：主要增大的是 H_2。

油中气体各种成分含量的多少和故障的性质及程度直接相关。因此，在设备运行过程中，定期测量溶解于油中的气体成分和含量，对于及早发现充油电力设备内部存在的潜伏性故障有非常重要的意义和现实的成效。

电力变压器的内部故障主要有过热性故障、放电性故障及绝缘受潮等多种类型。过热性故障包括分接开关接触不良、铁心多点接地和局部短路或漏磁环流、导线过热和接头不良或紧固件松动引起过热，其余为其他故障，如局部油道堵塞，致使局部散热不良而造成过热性故障。电弧放电以绕组匝、层间绝缘击穿为主，其次为引线断裂或对地闪络和分接开关飞弧等故障。火花放电常见于套管引线对电位未固定的套管导电管、均压圈等的放电；引线局部接触不良或铁心接地片接触不良而引起的放电；分接开关拨叉或金属螺丝电位悬浮而引起的放电等。

根据色谱分析数据进行变压器内部故障诊断时，应包括以下几个步骤。

（1）分析气体产生的原因及变化。

（2）判定有无故障及故障的类型，如过热、电弧放电、火花放电和局部放电等。

（3）判断故障的状况，如热点温度、故障回路严重程度以及发展趋势等。

（4）提出相应的处理措施，如能否继续运行，以及运行期间的技术安全措施和监视手段，或是否需要停电检修等，若需加强监视，则应缩短周期。

特征气体变化与变压器内部故障有着密切的关系，可以根据不同的气体指标进行判断。

1. 根据气体含量变化分析判断

1）H_2 变化

变压器在高温、中温过热时，H_2 一般占总烃的 27% 以下，而且随温度升高，H_2 的绝对含量有所增长，但其所占比例相对下降。变压器无论是热故障还是电故障，最终都将导致绝缘介质裂解产生各种特征气体。由于碳氢键之间的键能低，生成热小，在绝缘的分解过程中，一般总是先生成 H_2。因此，H_2 是各种故障特征气体的主要组成成分之一。

变压器内部进水受潮是一种内部潜伏性故障，其特征气体 H_2 含量很高。客观上如果色谱分析发现 H_2 含量超标，而其他成分并没有增加时，可初步判断为设备含有水分，为进一步判别，可进行油中微水含量分析。导致水分分解出 H_2 有两种可能：一是水分和铁产生化学反应；二是在高电场作用下水分子本身分解。设备受潮时固体绝缘材料含水量是油中含水量的 100 多倍，而 H_2 含量高，大多是由于油、纸绝缘内含有气体和水分，因此在现场处理设备受潮时，仅靠真空滤油法不能持久地降低设备中的含水量，原因在于真空滤油对于设备整体的水分影响不大。

另外，还有一种误判的情况，是气相色谱仪发生异常，因分离柱长期使用，特别是用振荡脱气法脱气吸附了油，当吸附达到一定程度时，便在一定条件下释放出来，使分析发生误差。

2）C_2H_2 变化

C_2H_2 的产生与放电性故障有关，当变压器内部发生电弧放电时，C_2H_2 一般占总烃的 20%～70%，H_2 占总烃的 30%～90%，并且在绝大多数情况下，C_2H_4 含量高于 CH_4。当 C_2H_2 含量占主要成分且超标时，则很可能是设备绕组短路或分接开关切换产生弧光放电所致。如果其他成分没超标，而 C_2H_2 超标且增长速率较快，则可能是设备内部存在高能量放电故障。

3）CH_4 和 C_2H_4 变化

在过热性故障中，当只有热源处的绝缘油分解时，特征气体 CH_4 和 C_2H_4 两者之和一般可占总烃的 80% 以上，且随着故障点温度的升高，C_2H_4 所占比例也增加。

另外，丁腈橡胶材料在变压器油中将可能产生大量的 CH_4，丁腈在变压器油中产生 CH_4 的本质是橡胶将本身所含的 CH_4 释放到油中，而不是将油催化裂解为 CH_4。硫化丁腈橡胶在油中释放 CH_4 的主要成分是硫化剂，其次是增塑剂、硬脂酸等含甲基的物质，而释放量取决于硫化条件。

4）CO 和 CO_2 变化

无论何种放电形式，除了产生氢烃类气体外，与过热故障一样，只要有固体绝缘介入，都会产生 CO 和 CO_2。但从总体上来说，过热性故障的产气速率比放电性故障慢。

《变压器油中溶解气体分析和判断导则》中也只对 CO 含量正常值提出了参考意见：开放式变压器 CO 体积含量的正常值一般应在 0.03%以下，若总烃含量超过 0.015%，CO 含量超过 0.03%，则设备有可能存在固体绝缘过热性故障；若 CO 含量超过 0.03%，但总烃含量在正常范围，则可认为正常。密封式变压器溶于油中的 CO 含量一般均高于开放式变压器，其正常值约为 0.08%，但在突发性绝缘击穿故障中，CO、CO_2 含量不一定高，因此其含量变化常被人们忽视。由于 CO、CO_2 含量的变化反映了设备内部绝缘材料老化或故障，而固体绝缘材料决定了充油设备的寿命，因此必须重视绝缘油中 CO、CO_2 含量的变化。

（1）绝缘老化时产生的 CO、CO_2。正常运行中的设备内部绝缘油和固体绝缘材料由于受到电场、热度、湿度及氧的作用，随运行时间而发生速度缓慢的老化现象，除产生一些非气态的劣化产物外，还会产生少量的氧气、低分子烃类气体和碳的氧化物等，其中碳的氧化物 CO、CO_2 含量最高。油中 CO、CO_2 含量与设备运行年限有关，CO_2 含量变化的规律性不强，除与运行年限有关外，还与变压器结构、绝缘材料性质、运行负荷以及油保护方式等有密切关系。

变压器正常运行下产生的 CO、CO_2 含量随设备的运行年限的增加而上升，这种变化趋势较缓慢，说明变压器内固体绝缘材料逐渐老化，随着老化程度的加剧，一方面绝缘材料强度不断降低，有被击穿的可能；另一方面绝缘材料老化产生沉积物，降低绝缘油的性能，易造成局部过热或其他故障。这说明设备内部绝缘材料老化发展到一定程度有可能产生剧烈变化，容易形成设备故障或损坏事故。因此，在进行色谱分析判断设备状况时，CO、CO_2 作为固体绝缘材料有关的特征气体，当其含量上升到一定程度或其含量变化幅度较大时，都应引起警惕，尽早将绝缘老化严重的设备退出运行，以防发生击穿短路事故。

（2）过热故障时产生的 CO、CO_2。固体绝缘材料在高能量电弧放电时产生较多的 CO、CO_2，由于电弧放电的能量密度高，在电应力作用下会产生高速电子流，固体绝缘材料遭受这些电子轰击后，将受到严重破坏，同时，产生的大量气体一方面会进一步降低绝缘；另一方面还含有较多的可燃气体，因此若不及时处理，严重时有可能造成设备的重大损坏或爆炸事故。

当设备内部发生各种过热性故障时，局部温度较高，可导致热点附近的绝缘物发生热分解而析出气体。变压器内部油浸绝缘纸开始热解时产生的主要气体是 CO_2，随温度的升高，产生的 CO 含量也增多，使 CO 与 CO_2 比值升高，当温度升高至 800℃时，比值可高达 2.5。局部过热的危害没有放电故障那样严重，但从发展的后果分析，热点可加速绝缘物的老化、分解，产生各种气体，低温热点发展成为高温热点，附近的绝缘物被破坏，导致故障扩大。充油设备中固体绝缘受热分解时，变压器油中所溶解的 CO、CO_2 浓度就会偏高。CO、CO_2 的产生与设备内部固体绝缘材料的老化或故障有明显的关系，反映了设备的绝缘状况。在色谱分析中，应关注 CO、CO_2 含量的变化情况，同时结合烃类气体和 H_2 含量变化进行全面分析。

5）气体成分变化

在实际情况下，往往是多种故障类型并存，多种气体成分同时变化，且各种特征气体所占的比例难以确定。例如，当变压器内部发生火花放电时，有时总烃含量并不高，但 C_2H_4 在总烃中所占的比例可达 25%～90%，C_2H_2 含量占总烃的 20% 以下，H_2 占总烃含量的 30% 以上。当发生局部放电时，一般总烃不高，其主要成分是 H_2，其次是 CH_4，与总烃之比大于 90%。当放电能量密度增高时也出现 C_2H_2，但它在总烃中所占的比例一般不超过 2%。当 C_2H_2 含量较大时，往往表现为绝缘介质内部存在严重的局部放电故障，同时常伴有电弧烧伤与过热，因此会出现 C_2H_2 含量明显增大，且占总烃较大比例的情况。

应注意的是，不能忽视 H_2 和 CH_4 增长的同时，接着又出现 C_2H_2，即使未达到注意值也应给予高度重视，是由于这可能存在着由低能放电发展成高能放电的危险。

过热涉及固体绝缘时，除了产生上述气体之外，还会产生大量的 CO 和 CO_2。当电气设备内部存在接触不良时，如分接开关接触不良、连接部分松动或绝缘不良，特征气体会明显增加。超过正常值时，一般占总烃含量的 80% 以上，随着运行时间的增加，C_2H_4 所占比例也增加。

受潮与局部放电的特征气体有时比较相似，也可能两种异常现象同时存在，目前仅从油中气体分析结果还很难加以区分，而应辅助局部放电测量和油中微水分析等来判断。

2. 根据气体含量比值分析判断

气体含量比值分析方法的原理是基于油和固体绝缘材料在不同的温度、不同的放电形式下产生的气体也不同。当总烃含量超过正常值，计算 $[C_2H_2]/[C_2H_4]$ 的比值小于 0.1 时为过热性故障，大于 0.1 时为放电性故障。计算 $[C_2H_4]/[C_2H_6]$ 的比值可确定其故障性质，当比值小于 1 时一般为低温过热故障；当比值大于 1 而小于 3 时，为中温过热故障；当比值大于 3 时为高温过热故障。而计算 $[CH_4]/[H_2]$ 的比值可确定是放电故障还是放电兼过热故障，比值小于 1 时为放电故障；大于 1 时为放电兼过热故障。

电路故障和磁路故障的产气特征有差异。如果故障在导电回路，往往产生 C_2H_2，且含量较高，$[C_2H_4]/[C_2H_6]$ 比值也较高，C_2H_4 的产气速率往往高于 CH_4 的产气速率。磁路故障一般无 C_2H_2，或者很少（只占总烃的 2% 以下），而且

$[C_2H_4]/[C_2H_6]$的比值较小，一般在 6 以下。

计算 CO 和 CO_2 的比值，可判断固体绝缘中的含水量，含水量大时，$[CO]/[CO_2]$比值小。故障温度高且时间长时，$[CO]/[CO_2]$比值大。严重故障时，生成的 CO 来不及溶解而导致故障，这在$[CO]/[CO_2]$比值上得不到反映。国际电工委员会（IEC）推荐以$[CO]/[CO_2]$比值作为判据，认为该比值大于 0.33 或小于 0.99 时，很可能有纤维绝缘分解故障。

3. 根据三比值法分析判断

基于油中溶解气体类型与内部故障性质的对应关系，人们先后提出了多种以油中特征气体为依据来判断设备故障的方法。我国目前普遍推广应用的是 IEC 推荐的三比值法。

通过计算$[C_2H_2]/[C_2H_4]$、$[CH_4]/[H_2]$、$[C_2H_4]/[C_2H_6]$的值，将选用的 5 种特征气体构成三对比值，在相同的情况下将这些比值以不同的编码表示，根据测试结果计算得出编码，并把三对比值换算成对应的编码组，然后查表对应得出故障类型和故障的性质。但该法所给的编码组合并不全，给实际分析工作带来诸多不便。例如，通过对变压器故障案例分析得出所有编码组合与设备故障的对应关系，按三比值法，"000"编码属于设备正常老化，没有故障。而实际案例的编码"000"属于低温故障范畴，同时，当多种故障一起发生时，三比值法也难以区分。当气体含量或产气速率尚未达到注意值时，不宜应用三比值法进行判断。

应用三比值法应当注意以下问题。

（1）油中各种气体含量正常的变压器，其比值没有意义。

（2）只有油中气体各成分含量足够高（通常超过注意值），且经综合分析确定变压器内部存在故障后，才能进一步用三比值法分析其故障性质。如果无论变压器是否存在故障，一律使用三比值法，就有可能将正常的变压器误判为故障变压器，造成不必要的经济损失。

（3）因为每一种故障对应一组比值，所以对多种故障的变压器，可能找不到相对应的比值组合。

（4）在实际应用中可能出现没有列入的三比值组合，对于某些组合的判断正在研究中，如"121"或"122"对应某些过热与放电同时存在的情况；"202"或"201"对应有载调压变压器，应考虑切换开关油室的油可能向变压器的本体油箱渗漏的情况。

（5）三比值法不适用于气体继电器里收集到的气体分析判断故障类型。

因为三比值法还未能包括和反映变压器内部故障的所有形态，所以它还在发展及积累经验之中，有时可结合其他的一些比值判断方法综合分析。例如，一种四比值法在实际应用中也取得了一定的效果。

4. 根据总烃含量及产气速率判断

绝对产气速率能较好地反映出故障性质和发展程度，无论纵比（与历史数据比）、横比（与同类产品比），均有较好的可比性。但在实际应用中往往难以求得，因而多采用相对产气速率分析判断。当设备经过真空滤油脱气后，应及时做好绝对产气速率的测量，并根据有关建议利用如下判断标准。

（1）总烃的绝对值小于注意值，总烃产气速率小于注意值，则变压器正常；

（2）总烃大于注意值但不超过注意值的 3 倍，总烃产气速率小于注意值，则变压器有故障，但发展缓慢，可继续运行并注意观察。

（3）总烃大于注意值但不超过注意值的 3 倍，总烃产气速率为注意值的 1～2 倍，则变压器有故障，应缩短试验周期，密切注意故障发展。

（4）总烃大于注意值的 3 倍，总烃产气速率大于注意值的 3 倍，则设备有严重故障，发展迅速，应立即采取必要的措施，有条件时可进行吊罩检修。

5. 根据总烃变化趋势判断

对大量过热性故障变压器的色谱试验分析结果表明，变压器内部存在潜伏性故障时，总烃变化趋势（总烃随时间的变化曲线）主要有两种表现形式：一种是总烃与时间大致成正比增长关系；另一种是总烃随时间变化没有明显的递增关系，而是出现时增时减的现象。对于第一种曲线，过热常常会从低温逐步发展成为高温，甚至有的迅速发展为电弧放电而造成变压器损坏事故。因此，对这种故障应及时采取措施。对于第二种曲线，可继续运行，但应注意监督。

变压器内部存在高能量放电性故障时，应根据故障的发展情况来决定检修时间。如果条件允许，在近期内进行检查、消除。如果近期内没有条件，应缩短色谱分析周期，追踪分析，密切注视故障的发展趋势。

故障类型属于过热性的变压器，应根据电压等级、故障程度、故障发展速度和油中气体的饱和程度来决定维修时间。对于 500kV 变压器，只要总烃量达到注意值的 2 倍，常认为应停运进行检修，这是由于 500kV 变压器内部场强高；如果气体含量大、产气量多，油中可能产生气泡，有被击穿的可能性，因此不能仅以气体饱和水平来决定维修时间。对于 220kV 及以下的变压器，首先应考虑产气速率，并且计算油中气体的饱和水平。有时即使油中气体没有饱和，也应创造条件对变压器进行检修。

油中气体分析检测出变压器存在问题时，应结合其他试验，如电气试验、油简化分析试验，以及局部放电测量等进行综合性分析判断。

6. 特征气体变化与变压器内部故障的关系

主要特征气体反映出的故障类型有以下几种。

（1）H_2 高，总烃不高，CH_4 为总烃的主要成分，有微量 C_2H_2——油中电晕（火花放电时总烃高）。

（2）C_2H_2 高，总烃和 H_2 较高，C_2H_2 为总烃的主要成分——高温电弧放电。

（3）总烃及 H_2 较高，但 C_2H_2 为构成总烃的主要成分——高温热点或局部高温过热。

（4）C_2H_4、H_2、CO、CO_2 及总烃均较高——绝缘局部过热或固体绝缘散热不良。

（5）总烃高，H_2 和 C_2H_2 均较高——油中裸金属过热并有电弧放电，固体绝缘损伤。

（6）总烃不高，CH_4 占总烃主要成分——局部放电。

产生的特征气体表现出的常见故障为引线焊接不良，开关接触不良，导线有毛刺，引线有短路，绕组匝间、层间有短路，铁心穿心螺杆短路或有多点接地，局部过热等。

此外，与油中溶解气体相类似，判断变压器内部故障的方法，是用气体继电器积聚的气体来判断。不过，它只有在变压器内部已有故障时才能判断，而不能发现早期潜伏性故障。这种方法通常是以气体继电器中的气体颜色和故障性质的关系来判断变压器内部故障。

2.2.2　变压器绕组直流电阻检测技术

变压器绕组直流电阻的检测[18]是一项很重要的试验项目，规程规定它是变压器大修时、无载开关调级后、变压器出口短路后和预试时等的必试项目，在变压器的所有试验项目中是一项较为方便而有效的考核绕组纵绝缘和电流回路连接状况的试验，它能够反映绕组匝间短路、绕组断股、分接开关接触状态以及导线电阻的差异和接头接触不良等缺陷故障，是判断各相绕组直流电阻是否平衡、调压开关档位是否正确的有效手段。长期以来，绕组直流电阻的测量一直被认为是考查变压器纵绝缘的主要手段之一，有时甚至是判断电流回路连接状况的唯一办法。

1. 预试规程的试验周期和要求

变压器绕组直流电阻正常情况下，1～3 年检测一次，但有如下情况必须检测。

（1）对无励磁调压变压器变换分接位置后必须进行检测（对使用的分接锁定后检测）。

（2）有载调压变压器在分接开关检修后必须对所有分接进行检测。

（3）变压器大修后必须进行检测。

（4）必要时进行检测，如变压器经出口短路后必须进行检测。

2. 直流电阻检测与故障诊断实例

1）绕组断股故障的诊断

某变压器低压侧 10kV 线间直流电阻不平衡率为 2.17%，超过 1%。色谱分析结果为该主变压器 C_2H_2 含量超标，从 0.2 上升至 7.23，说明存在放电性故障。但从该主变压器的检修记录中得知，在发现该变压器 C_2H_2 变化前曾补焊过 2 次，而且未进行脱气处理。其他气体的含量基本正常，用三比值法分析，不存在过热故障，且历年预试数据反映除直流电阻不平衡率超标外，其他项目均正常。经换算确定 C 相电阻值较大，怀疑由断股引起，经与制造厂了解该绕组股数为 24 股，据此计算若断一股造成的误差与实际测量误差一致，判断故障为 C 相绕组内部有断股问题。经吊罩检查，打开绕组三角接线的端子，用万用表测量，验证了 C 相有一股断开。

2）有载调压切换开关故障的诊断

某变压器 110kV 侧直流电阻不平衡，其中 C 相直流电阻和各个分接之间电阻值相差较大。A、B 相的每个分接之间直流电阻相差为 10%～11.7%，而 C 相每个分接之间直流电阻相差为 4.9%～6.4% 和 14.1%～16.4%，初步判断 C 相回路不正常。通过对其直流电阻数据 CO（C 端到中性点 O 端）的直流回路分析，确定绕组本身缺陷的可能性小，有载调压装置的极性开关和选择开关缺陷的可能性也极小，因此缺陷可能在切换开关上。经对切换开关吊罩检查发现，固定切换开关的一个极性到选择开关的固定螺丝断裂，致使零点的接触电阻增大，而出现直流电阻规律性不正常的现象。

3）无载调压开关故障的诊断

在对某变压器交接验收试验时，发现其中绕组 Am、Bm、Cm 三相无载磁分接开关的直流电阻数据混乱、无规律，分接位置与所测直流电阻的数值不对应。经吊罩检查，发现三相开关位置与指示位置不符，且没有空挡位置，经重新调整组装后恢复正常。

4）绕组引线连接不良故障的诊断

某 110kV 变压器，预防性试验时发现 35kV 侧分接头直流电阻不平衡率超标，最大不平衡率为 12.1%，转动分接开关后复试为 11.9%，该变压器 35kV 侧直流电阻不平衡率远大于 2%。怀疑分接开关有问题，因此转动分接开关后复测，其不平衡率仍然很大，又分别测其他几个分接位置的直流电阻，其不平衡率都在 11% 以上，而且规律都是 A 相直流电阻偏大，可能是由 A 相绕组的首端或套管的引线连接处连接不良造成。经分析确认后，停电打开 A 相套管下部的手孔门检查，发现引线与套管连接松动（螺丝连接），主要由于安装时未装紧，且无垫圈而引起，经紧固后恢复正常。

通过上述案例可见，变压器绕组直流电阻的测量能发现回路中某些重大缺陷，判断的灵敏度和准确性也较高，但现场测试中应注意要对测量的数据进行横向和纵向的比较。分析数据时，要综合考虑相关的因素和判据，不能照搬规程的标准数值，而要根据规程的思路、现场的具体情况，具体分析设备测量数据的发展和变化过程。要结合设备的具体结构，分析设备内部的具体情况，根据不同情况进行直流电阻的测量，以得到正确判断结论。重视综合方法的分析判断与验证。例如，有些案例中通过绕组分接头电压比试验，就能够有效验证分接相关的挡位，而且能检验出变压器绕组的连接组别是否正确。同时对于匝间短路等故障也能灵敏地反映出来，实际上电压比试验，也是一种常规的带有检验和验证性质的试验手段，进行综合分析可进一步提高故障诊断的可靠性。

2.2.3　变压器绝缘电阻及吸收比、极化指数检测技术

绝缘电阻试验[19]是对变压器主绝缘性能的试验，主要诊断变压器由于机械、电场、温度、化学等作用及潮湿污秽等的影响程度，能灵敏反映变压器绝缘整体受潮、整体劣化和绝缘贯穿性缺陷，是变压器能否投运的主要参考判据之一。电力变压器绝缘电阻试验，过去常采用测量绝缘电阻的 R60（1min 的绝缘电阻值），对于大中型变压器同时还测量吸收比值（R60/R15）。这对判断绕组绝缘是否受潮起到过一定作用。但近几年，随着大容量电力变压器的广泛使用，且其干燥工艺有所改进，出现绝缘电阻绝对值较大时往往吸收比偏小的结果，造成判断困难。吸取国外经验，采用极化指数，即 10min 与 1min 的比值，有助于解决正确判断所遇到的问题。

为了比较不同温度下的绝缘电阻值，国家标准规定了不同温度下测量的绝缘电阻值换算到标准温度 20℃时的换算公式。

预试规程规定吸收比（10～30℃）不低于 1.3 或极化指数不低于 1.5，且对吸收比和极化指数不进行温度换算。在判断时，预试规程规定，吸收比或极化指数中任一项，达到上述相应的要求都认为符合标准。

1. 绝缘电阻的测试分析

1）与测试时间的关系

不同容量、不同电压等级的变压器的绝缘电阻随加压时间变化的趋势也有些不同，一般是 60s 之内随加压时间上升很快，60～120s 上升也较快，120s 之后上升速度逐渐减慢。从绝对值来看，产品容量越大的电压，等级越高，尤其是 220kV

及以上电压等级的产品，60s 之前的绝缘电阻值越小，60s 之后达到稳定的时间越长，一般约 8min 以后才能基本稳定。这是由于在测量绝缘电阻时，兆欧表施加直流电压，在试验品复合介质的交界面上会逐渐聚集电荷，这个过程的现象称为吸收现象，或称为界面极化现象，通常吸收电荷的整个过程需要经很长时间才能达到稳定。吸收比仅反映测量刚开始时的数据，不能或来不及反映介质的全部吸收过程。而极化指数时间较长，在更大程度上反映了介质吸收过程，因此极化指数在判断大型设备绝缘受潮问题上比吸收比更为准确。因此，220 kV 及以上电压等级的变压器应该测量极化指数。

2）与测试温度的关系

当变压器的温度不超过 30℃时，吸收比随温度的上升而增大，约 30℃时吸收比达到最大极限值，超过 30℃时吸收比则从最大极限值开始下降。但 220kV、500kV 产品的吸收比和极化指数达到最大极限值的温度则为 40℃以上。

3）与变压器油中含水量的关系

变压器油中含水量对绝缘电阻的影响比较显著，反映在含水量增大，绝缘电阻减小、绝缘电阻吸收比降低，因此变压器油的品质是影响变压器绝缘系统绝缘电阻高低的重要因素之一。

4）与变压器容量和电压等级的关系

在变压器容量相同的情况下，绝缘电阻常随电压等级的升高而升高，这是由于电压等级越高，绝缘距离越大。在变压器电压等级相同的情况下，绝缘电阻值常随容量的增大而降低，这是由于容量越大，等效电容的极板面积也增大，在电阻系数不变的情况下，绝缘电阻必然降低。

吸收比或极化指数能够有效反映绝缘受潮情况，是诊断变压器受潮故障的重要手段。相对来讲，单纯依靠绝缘电阻绝对值的大小对绕组绝缘做出判断，其灵敏度、有效性比较低。一方面是由于测量时试验电压太低难以暴露缺陷；另一方面是由于绝缘电阻值与绕组绝缘的结构尺寸、绝缘材料的品种、绕组温度等有关。但是，对于铁心、夹件和穿心螺栓等部件，测量绝缘电阻往往能反映故障，主要是由于这些部件的绝缘结构比较简单，绝缘介质单一。

2. 绝缘电阻检测与诊断实例

1）变压器充油循环后测绝缘电阻大幅度下降

某变压器充油循环后测绝缘电阻大幅度下降，经分析发现造成这种情况的原因可能是充油循环后油中产生的气泡对绝缘电阻的影响，因此要待油中气泡充分逸出，再测绝缘电阻才能真实反映变压器的绝缘状况。

2）油中含水量对变压器绝缘电阻的影响

某变压器绝缘电阻 R60 为 750MΩ，吸收比为 1.12，油中含水量的微水分析超标，与两年前相近温度条件下 $R>2500$ MΩ相比变化很大。对油进行处理后，微水正常，绝缘电阻 R60 为 2500 MΩ，吸收比为 1.47。

3）吸收比和极化指数随温度变化无规律可循

某些变压器其吸收比和极化指数随温度变化无规律可循，它们的变化都不显著，也无规律可循，因规程规定，吸收比和极化指数不进行温度换算。

2.2.4　变压器绝缘介质损耗检测技术

电介质就是绝缘材料。当研究绝缘物质在电场作用下所发生的物理现象时，把绝缘物质称为电介质；而从材料的使用观点出发，在工程上把绝缘物质称为绝缘材料。既然绝缘材料不导电，怎么会有损失呢？人们确实总希望绝缘材料的绝缘电阻越高越好，即泄漏电流越小越好，但是，世界上绝对不导电的物质是没有的。任何绝缘材料在电压作用下，总会流过一定的电流，因此都有能量损耗。把在电压作用下电介质中产生的一切损耗称为介质损耗[20]或介质损失。

如果电介质损耗很大，会使电介质温度升高，促使材料发生老化（发脆、分解等），如果介质温度不断上升，甚至会使电介质熔化、烧焦，丧失绝缘能力，导致热击穿，因此电介质损耗的大小是衡量绝缘介质电性能的一项重要指标。

然而不同设备由于运行电压、结构尺寸等不同，不能通过介质损耗的大小来衡量对比设备好坏，因此引入了介质损耗因数 $\tan\delta$（又称介质损失角正切值）的概念。

介质损耗因数的定义是被试品的有功功率比上被试品的无功功率所得的数值。

介质损耗因数 $\tan\delta$ 只与材料特性有关，与材料的尺寸、体积无关，便于不同设备之间进行比较。

当对一绝缘介质施加交流电压时，介质上将流过电容电流 I_1、吸收电流 I_2 和电导电流 I_3，如图 2.1 所示。其中反映吸收过程的吸收电流，又可分解为有功分量和无功分量两部分。电容电流和反映吸收过程的无功分量是不消耗能量的，只有电导电流和吸收电流中的有功分量才消耗能量。

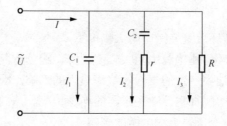

图 2.1　绝缘介质施加交流电压电流示意图

为了方便讨论问题，可进一步将等值电路简化为由纯电容和纯电阻组成的并联和串联电路，并采用它的并联电路来分析。

当绝缘物上加交流电压时，可以把介质看作一个电阻和电容并联组成的等值电路，如图 2.2 所示。根据等值电路可以作电流和电压的相量图，如图 2.3 所示。

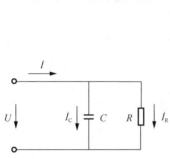

图 2.2　介质等值电路图

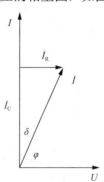

图 2.3　等值电路电流、电压相量图

由相量图可知，介质损耗由 $\dot{I}_R$ 产生，夹角 δ 越大，$\dot{I}_R$ 就越大，故称 δ 为介质损失角，其正切值为

$$\tan\delta = \frac{I_R}{I_C} = \frac{U/R}{U\omega C} = \frac{1}{\omega CR} \tag{2.1}$$

介质损耗 P 为

$$P = \frac{U^2}{R} = U^2\omega C\tan\delta \tag{2.2}$$

由式（2.2）可知，当 U、ω、C 一定时，P 正比于 $\tan\delta$，因此可用 $\tan\delta$ 来表征介质损耗。

$\tan\delta$ 灵敏度较高，通过 $\tan\delta$ 的变化可以发现绝缘的整体受潮、劣化、变质及小体积被试设备贯通或未贯通的局部缺陷。

测量变压器绕组连同套管的介质损耗因数 $\tan\delta$，主要用于更进一步检查变压器整体是否受潮、绝缘油及纸是否劣化等严重的局部缺陷，以及绕组上是否附着油泥等杂质。

变压器介质损耗的标准及判断如下所示。

（1）当变压器电压等级为 35kV 及以上，且容量在 8000kVA 及以上时，应测量介质损耗因数 $\tan\delta$。

（2）试验电压的选择：变压器绕组额定电压为 10 kV 及以上时，施加电压应为 10kV；绕组额定电压为 10 kV 以下时，施加电压应为绕组额定电压。

（3）介质损耗因数 $\tan\delta$（交接试验）执行标准如表 2.2 所示。

表 2.2　油浸式电力变压器绕组介质损耗因数 $\tan\delta$ 最高允许值

电压等级/kV	不同温度下的介质损耗因数最高允许值/%							
	5℃	10℃	20℃	30℃	40℃	50℃	60℃	70℃
<35	1.3	1.5	2.0	2.6	3.5	4.5	6.0	8.0
35～220	1.0	1.2	1.5	2.0	2.6	3.5	4.5	6.0
220～500	0.7	0.8	1.0	1.3	1.7	2.2	2.9	3.8

（4）测量的 $\tan\delta$ 不应大于出厂试验值的 1.3 倍。若大于，且不符合表 2.2 的规定，应取绝缘油样测量 $\tan\delta$，如不合格，则更换标准油，换油后 $\tan\delta$ 还不能达标的，则将变压器加温至出厂试验温度并稳定 5h 以上，重新测量，还不达标则为不合格变压器。

（5）当测量温度与出厂试验温度不同时，则按表 2.3 换算到同一温度的数值进行比较，具体换算公式为 $\tan\delta_{20} = K\tan\delta$。当测量时的温度差不是表 2.3 所示时，可以按 $A=1.3K/10$ 计算。

表 2.3　介质损耗因数 $\tan\delta$ 温度换算系数

温差 K/℃	5	10	15	20	25	30	35	40	45	50
换算系数 A/%	1.15	1.3	1.5	1.7	1.9	2.2	2.5	2.9	3.3	3.7

注：① 表中的 K 为实际温度减去 20 的绝对值。
　　② 测量温度以上层油温为准。

（6）必要时可通过观测 $\tan\delta$ 与外施电压的关系曲线，观测 $\tan\delta$ 是否随电压上升，用以判断绝缘内部有无分层、裂缝等缺陷。

变压器介质损耗因数 $\tan\delta$ 绝缘测试有如下特性。

（1）变压器绝缘良好时，外施电压与 $\tan\delta$ 之间的关系近似一水平直线，且施加电压上升和下降时测得的 $\tan\delta$ 是基本重合的。当施加电压达到某一极限值时，$\tan\delta$ 曲线开始向上弯曲。

（2）如果绝缘介质工艺处理得不好或绝缘介质中残留气泡等，则绝缘介质的 $\tan\delta$ 比良好绝缘时要大。同时，因为工艺处理不好的绝缘介质在很低电压下就可能发生局部放电，所以 $\tan\delta$ 曲线便会较早地向上弯曲，且电压上升和下降时测得的 $\tan\delta$ 是不相重合的。

（3）当绝缘介质老化时，绝缘介质在低电压下的 $\tan\delta$ 也有可能比良好绝缘时要小，但 $\tan\delta$ 开始增长的电压较低，即 $\tan\delta$ 曲线在较低电压下即向上弯曲。

（4）绝缘介质比较容易吸潮，一旦吸潮，$\tan\delta$ 就会随着电压的上升迅速增大，且电压上升和下降时测得的 $\tan\delta$ 不重合。

（5）当绝缘介质存在离子性缺陷时，$\tan\delta$ 曲线随电压升高，曲线向下弯曲，即 $\tan\delta$ 随电压升高反而变小。

变压器油介质损耗因数 $\tan\delta$ 增大的原因及绝缘受潮的判断如下。

（1）油中浸入溶胶杂质。研究表明，变压器在出厂前残油或固体绝缘材料中存在着溶胶杂质；在安装过程中也有可能再次浸入溶胶杂质；在运行中还可能产生溶胶杂质。变压器油的介质损耗因数主要取决于油的电导，油的介质损耗因数正比于电导系数，油中存在溶胶粒子后，由电泳现象（带电的溶胶粒子在外电场作用下有进行定向移动的现象）引起的电导系数，可能超过介质正常电导的几倍或几十倍，因此 $\tan\delta$ 增大。胶粒的沉降平衡，使分散体系在各水平面上浓度不等，越接近容器底层浓度越大，可用来解释变压器油上层介质损耗因数小，下层介质损耗因数大的现象。

（2）油的黏度偏低使电泳电导增加引起介质损耗因数增大。有的厂生产的油虽然黏度、密度、闪点等都在合格范围之内，但比较来说是偏低的，因此在同一污染情况下，就更容易受到污染，这是由于黏度低很容易将接触到的固体材料中的尘埃迁移出来，使油单位体积中的溶胶粒子数增加，黏度小，均使电泳电导增加，从而引起总的电导系数增加，即总介质损耗因数增大。

（3）热油循环使油的带电趋势增加而引起介质损耗因数增大。大型变压器安装结束之后，要进行热油循环干燥。一般情况下，制造厂供应的是新油，其带电趋势很小，但当油注入变压器以后，有些仍具有新油的低带电趋势，也有些带电趋势增大。而经过热油循环之后，加热将使所有油的带电趋势均有不同程度的增加，油的带电趋势与其介质损耗因数有着密切关系，油的介质损耗因数随其带电趋势的增加而增大。因此，热油循环后油带电趋势的增加，也是引起油介质损耗因数增大的原因之一。

（4）微生物细菌感染。这主要是在安装和大修过程中苍蝇、蚊虫和细菌类生物的侵入造成的。在现场对变压器进行吊罩检查中，常会发现有一些蚊虫附着在绕组的表面上。微小虫类、细菌类、霉菌类生物等，它们大多数生活在油的下部沉积层中。由于污染油中含有水、空气、碳化物、有机物、各种矿物质及微量元素，这些促成了菌类微生物的生长。变压器运行时的温度又适合这些微生物的生长，温度对油中微生物的生长及油的性能影响很大，试验发现冬季的介质损耗因数值较稳定。环境条件对油中微生物的增长有直接的关系，而油中微生物的数量又决定了油的电气性能。由于微生物都含有丰富的蛋白质，其本身就有胶体性质，因此微生物对油的污染实际是一种微生物胶体的污染，而微生物胶体都带有电荷，使油的电导增大，所以电导损耗也增大。

（5）油的含水量增加引起介质损耗因数增大。对于纯净的油来说，当油内含水量体积分数较低（如 0.003%～0.004%）时，对油的 $\tan\delta$ 的影响不大，只有当油中含水量较高时，才有十分显著的影响。

在实际生产和运行中，常遇到下列情况：油经真空、过滤、净化处理后，油的含水量很小，而油的介质损耗因数值较高。这是因为油的介质损耗因数不仅与含水量有关，而且与许多因素有关。对于溶胶粒子，其直径在 $10^{-9} \sim 10^{-7}$ m，能通过滤纸，所以虽经二级真空滤油机处理其介质损耗因数仍降不下来。遇到这种情况，通常采用硅胶或 801 吸附剂等进行处理可得到良好效果。

变压器介质损耗因数 $\tan \delta$ 检测与故障判断实例如下。

某厂用变压器，绕组绝缘介损由 3 年前的 0.3%，上升为 1.2%，绝缘电阻吸收比为 1.67，油耐压为 49kV，油中含水的体积分数为 0.00155%。为了弄清是否因油质劣化引起介损增大，又测试了 70℃下油介质损耗因数 $\tan \delta$ 为 0.05%，从而排除了油质不良的因素。吊芯检查，没发现明显水迹。进一步分析，弄清了介损增大的原因。该变压器高压绕组额定电压为 10kV，主绝缘几乎全由油浸纸组成，没有大的油隙，因此绕组绝缘的介损近似等于纸的介损。纸介损为 1.2%，纸含水量已达 2%，属轻度受潮。至于绝缘电阻等数值，也因绝缘受潮轻微和变压器尺寸较小等因素，而反映并不明显。变压器油枕属普通敞开式，呼吸进水，逐步受潮。该变压器经过干燥，介损恢复正常。

需要说明的是，用 $\tan \delta$ 来判断变压器的绝缘状况尚不够完善。例如，试验电压远比运行电压低，其有效性随着变压器电压等级的提高、容量和体积的增大而下降，且变压器承受绝缘强度试验的能力与 $\tan \delta$ 的大小没有直接的内在联系。但实际试验证明，如果变压器绝缘干燥处理不良，油、纸绝缘中含水量较高，则变压器的 $\tan \delta$ 将较大。而较大的 $\tan \delta$ 是变压器运行中引起绝缘击穿和绝缘热老化的潜在因素，对变压器的制造、检修和运行都提出了更高的要求。

2.2.5　变压器油质检测技术

变压器油的品质[21]是变压器正常运行的重要条件，因此根据不同的要求，需对变压器油进行油品质的不同项目的检测和分析判断，当油质出现问题时，应尽早采取相应的处理措施以确保变压器安全运行。

油质检测时，首先是取油样的器具必须保证清洁、干燥。清洗方法要严格按取样方法标准和各项试验方法标准中有关采样的规定执行。取样前要将储油容器的取样口认真擦洗干净，开始采样时应利用初取油样冲洗取样器具。从变压器内取样时，要放掉采样区死角的油，取样操作要防止油样受外界污染，防止空气、水分侵入，油样要避光。取样时要排净取样器具内的残余空气，油样进入取样器时要防止产生气泡。

油样采集后应及时进行检测试验。若不能及时检测试验或要异地检测试验时，油样要密封避光保存，即使这样，油中溶解气体分析油样也不得超过 4 天，水分测定油样不得超过 10 天。容器内油面以上要留有足够容纳油样因温度升高而体积膨胀的空间。盛油样的注射器，其塞与管套应该密封良好，能随油样体积胀缩而自由滑动，以保证内外压力平衡，达到避免正压破碎和负压吸气吸潮的可能。同时运输中要防止震荡。

油质检测有如下内容。

(1) 外观检测。对油的外观检验规定采取目测，纯净的变压器油应是淡黄而略带微蓝色，清澈、透明、无可见的悬浮物和机械杂质等任何异物。油中若存在弥散状态水分，则将失去应有的透明度，颜色也会由黄变白。油中产生老化物时，随老化程度不同，油色逐渐变深、变暗、失去透明，以致出现絮状物和油泥。

(2) 酸值与水溶性酸。一般新油几乎不含酸性物质，其酸值常为 0，pH 在 6～7。长期贮存，特别是长期运行的变压器油，由于吸收了空气中的氧，并与之化合而产生各种有机酸和酚类以及胶状油泥，这些酸性物质会提高油的导电性，降低油的绝缘性能，在高温运行条件下还会促使纤维绝缘材料老化，缩短变压器的使用寿命。

(3) 闪点。闪点降低表示油中有挥发性可燃物质产生，这些低分子碳氢化合物，一般是由局部放电等故障造成过热，使油在高温下裂解生成的。测定油的闪点，还可发现是否混入轻质馏分的油品。但运行中的油闪点已不作为常规检验项目。

(4) 水分。变压器油有一定亲水性，会从空气中吸收水分，而油中水分含量是影响绝缘性能的重要因素。

由于油和纸中所含水分是可以互相扩散的，当温度较高时，油中含水率较高，而纸中含水率较低，纸内水分向油中扩散；当温度降低时，油中含水率降低，纸将从油中吸收水分，纸中含水量增加。运行变压器的油中含水量随油温、气温而变化，导致油中水分夏季高，冬季低，油和纸之间的水分平衡往往要几个月才能达到。因此，仅按油中含水量的多少来确定变压器是否受潮是很不全面的。特别是在环境温度很低而变压器又在停运状态下，测出油的含水量很低，不能作为绝缘干燥的唯一判据。相反，在变压器的运行温度较高时（不是短暂的升高），所测油的含水量很低，倒是可以作为绝缘状态良好的依据之一。因此，规程规定变压器应在较高的运行温度下（如 60℃）取样测含水量，对绝缘油含水量的限制值也是根据上述规律提出的。

纸中含水量在与油中含水量的平衡过程中，理论上在高温时，纸中含水量将随油中含水量的增加而减小，当温度降低时，油中水分将被纸吸收，使纸的含水量升高。但计算结果表明，在密封条件较好的变压器中，如果没有外部水分的渗入，在不同温度下引起油中水分的变化量，即使全部与绝缘纸的变化量相平衡，纸中含水量的变化幅值也是很小的，因油中含水量是以体积分数表示的，纸中含水量以质量百分比计算，变压器中纸含水量的绝对量要比油中多得多。可以看出，设变压器用油量为用纸量的 10 倍（实际要低），随温度变化，油中含水量体积分数如果达到 100×10^{-6}（实际要小得多）的变化值，由此计算纸中相应水分的变化量也只有 0.1%，对纸而言是一个无关大局的值。因此，不能根据某一温度下测得的油中含水量直接从文献中的油纸含水量与温度平衡曲线去推测纸的含水量。

（5）油击穿电压。检测油击穿电压值是判断油净化程度的尺度。对于运行中的变压器，不同的电压等级对油击穿电压有不同要求，进行油击穿电压试验时，油耐压仪器的电极形式有球形、球盖形、平板形等多种形式，无论油样的击穿电压高低都以球形电极的击穿电压值为最高，球盖形次之，而平板形相对较低。

我国电力系统一直采用平板形电极，极少采用球盖形电极，因此行业标准仍采用平板形电极的击穿电压试验方法。

（6）界面张力。油、水之间界面张力是检查油中含有因老化而产生可溶性极性杂质的一种间接有效的方法。当油在运行中因氧化而产生有机酸及醇等极性杂质时，由于这些杂质分子含有极性基，它们是亲水的，在油、水界面上这些分子的极性基向极性相（水）转移，而憎水的碳氢链则转向非极性相（油）。由于这些活性物在两相交界面上定向排列，改变了原界面上分子排列的状况，促使界面张力明显下降。

（7）油介质损耗因数 $\tan\delta$。$\tan\delta$ 的大小可灵敏反映出油质劣化和受污染的程度。新油中的极性杂质少，因此 $\tan\delta$ 很小，一般为 0.01~0.1，但当油氧化、过热劣化或混入其他杂质被污染时，生成的极性杂质和带电的胶体物质逐渐增多，$\tan\delta$ 就会随之增大。$\tan\delta$ 随温度升高而增大，因此预试规程规定测定温度为 90℃。

（8）体积电阻率。其功能与油介损值检测相似，并在较高温度下与油介损值有较好的相关性，$\tan\delta$ 增加，体积电阻率降低。该方法比较简便易行，在一些单位得到推广。预试规程规定 90℃时，500kV 的变压器大于或等于 $1\times10^{10}\Omega m$，330kV 及以下的变压器大于或等于 $3\times10^9\Omega m$。

（9）油中含气量。油与空气接触时，空气逐渐溶解于油中，最终达到饱和状态。在 25℃和一个大气压条件下，油中可溶气体为 10.8%（体积分数），因此油中气体在一定条件下会超出饱和量而析出气泡。一般电压较低的设备油中含气量较高时，对绝缘强度影响不大，但电压等级较高的变压器，含气量的程度则对绝缘强度有较大的影响，因气体可能聚集起来形成气泡，当温度和压力骤降时，形成的气泡将聚集在绝缘纸层内或表面，容易被拉成链而导致击穿。

（10）油泥与沉淀物。变压器油老化时颜色变深，但老化物还是呈溶解状态。因此，测定油泥含量可避免油进一步老化，防止油泥析出，沉积在变压器本体铁心和绕组的表面，影响散热和加速固体绝缘材料老化。对变压器进行补充加油时，同样应考虑到油的相容性，要进行油泥析出试验或老化试验，老化试验后再增加油介质损耗因数 $\tan\delta$ 的测定。

油质变差或劣化的影响因素如下所示。

（1）运行条件的影响。电力变压器若在正常条件下运行，一般油品都应具有一定的氧化安定性，但当设备超负荷运行或出现局部过热而油温增高时，油的老化则相应加速。当夏季环境温度比较高时，若不能及时调整通风并采取降温措施，变压器将加速其氧化进程，使油质变差。

（2）设备条件的影响。变压器的严密性不好，漏水、漏气加速了油的氧化和老化。选用固体绝缘材料不当，与油的相容性不好，也会促进油的老化。变压器设计制造采用小间隔，运行中易出现热点，不仅促使固体绝缘材料老化，也加速油的老化。一般温度从 60~70℃ 起，每增加 10℃，油的氧化速度约增加一倍。因此，设备设计和所选用绝缘材料都对油的使用寿命有影响。

（3）油污染的影响。油污染主要是指混油不当的污染，金属微粒的污染，有机酸、醇等极性杂质的污染及水分子的污染，且污染后常导致油泥析出与沉淀物出现。

2.2.6　变压器绝缘老化检测技术

变压器固体绝缘由于纤维素老化后生成 CO、CO_2 以及糠醛，因此可借助测量 CO、CO_2 以及糠醛的含量和绝缘纸（板）聚合度等来诊断变压器绝缘老化的缺陷，通过产气速率等模式，判断绝缘老化的程度。（注：聚合度是衡量聚合物分子大小的指标。以重复单元数为基准，即聚合物大分子链上所含重复单元数目的平均值，以 n 表示；以结构单元数为基准，即聚合物大分子链上所含单个结构单元数目。因为高聚物大多是不同分子量的同系物的混合物，所以高聚物的聚合度是指其平均聚合度。聚合物是由一组不同聚合度和不同结构形态的同系物的混合物组成，因此聚合度是计算平均值。）

1. 利用液相色谱法测量油中糠醛的含量判断绝缘的老化程度

测量油中糠醛浓度（即呋喃甲醛），这是基于绝缘纸中的主要化学成分纤维素，而纤维素大分子是由 D-葡萄糖基单体聚合而成的。当绝缘纸出现老化时，纤维素会历经如下化学变化：D-葡萄糖的聚合物由于受热、水解和氧化而解聚，生成 D-葡萄糖单糖，而这种单糖又很不稳定，容易水解，最后产生一系列环氧化合物。糠醛是绝缘纸中纤维素大分子解聚后形成的一种主要的环氧化合物，它溶解在变压器的绝缘油中。当绝缘纸的纤维素受高温、水分、氧气等作用后将裂解，糠醛便成了绝缘纸因降解形成的一种主要特征液体。

1）判断依据

利用高效液相色谱分析技术测定油中糠醛含量，可发现下列故障情况。

（1）已知内部存在故障时，判断是否涉及固体绝缘。

（2）是否存在引起绕组绝缘局部老化的低温过热情况。

（3）判断运行年久设备的绝缘老化程度。

2）检测糠醛含量的特点

有研究指出，油中糠醛分析时，还可以结合油中 CO 和 CO_2 含量分析，以综合诊断其内部是否存在固体绝缘局部过热故障，因此可以作为变压器监督的一种常规试验手段，《电力设备预防性试验规程》建议在以下情况检测油中糠醛含量。

（1）油中气体总烃超标或 CO、CO_2 过高。

（2）500kV 变压器和电抗器及 150M·VA 以上升压变压器投运 2～3 年后。

（3）需了解绝缘老化情况。

3）判断绝缘纸老化程度的优点

用高效液相色谱分析仪测出其含量，根据浓度的大小判断绝缘纸的老化程度，并根据糠醛的产生速率可进一步推断其老化速率以及剩余寿命。糠醛分析的优点如下所列。

（1）取样方便，用油样量少。

（2）不需要变压器停电。

（3）取油样不需要特别的容器，保存方便。

（4）糠醛为高沸点液态产物，不易逸散损失。

（5）油老化不产生糠醛。

其缺点是，当对油进行脱气或再生处理时，如油通过硅胶吸附，则会损失部分糠醛，但损失程度比 CO 和 CO_2 气体的损失小得多。

4）检测糠醛含量的要求

根据电力设备预防性试验规程对油中糠醛含量的要求[22]，在必要时应予检测。

糠醛含量超过所列数据时，一般为非正常老化，需连续检测，并注意增长率。变压器油中糠醛含量参考值参见表 2.4。

表 2.4　变压器油中糠醛含量参考值

运行年限/年	1～5	5～10	10～15	15～20
糠醛含量/（mg/L）	0.1	0.2	0.4	0.75

糠醛含量测试值大于 4mg/L 时，认为老化已比较严重，变压器整体绝缘水平处于寿命晚期，此时宜测定绝缘纸（板）的聚合度后进行综合判断。也有研究人员认为油中糠醛含量达到 1～2mg/L 时，变压器绝缘已劣化严重；油中糠醛含量达 3.5mg/L 时，变压器绝缘寿命终止。

5）相关的几个问题

尽管有的变压器运行年久，但其油中糠醛含量并不高，甚至很低，其原因如下。

（1）糠醛损失。测试经验证明，变压器油如果经过处理，则会不同程度地降低油中糠醛含量。例如，变压器油经白土处理后，能使油中糠醛含量下降到极低值，甚至测不出来，经过一段较长的运行时间后才能升高到原始值，在进行判断时一定要注意这些情况，否则易造成误判。

（2）运行条件。有的变压器绝缘中含水量少、密封情况好、运行温度低。不少变压器投运后经常处于停运或轻载状态，这也是变压器油中糠醛含量低的原因。

对变压器油中的糠醛含量高的变压器要引起重视，对糠醛含量低的变压器也不能轻易判定其没有老化，要具体情况具体分析。分析时还要认真调查研究变压器的绝缘结构、运行条件、故障及检修情况等。

根据国外的研究报告和中国电力科学研究院对国内近千台设备的测试结果，油中糠醛含量与代表绝缘纸老化的聚合度之间有较好的线性关系。当然，判断绝缘的最终老化，目前还主要以纸的聚合度测试结果为主要判据。因为测定糠醛含量存在对测试结果有多种影响的因素，所以只是一种间接的老化判断方法，但测量纸聚合度要在变压器吊芯时才能进行。

2. 测量绝缘纸的聚合度判断绝缘的老化程度

测量变压器绝缘纸的聚合度是确定变压器老化程度的一种比较可靠的手段，应用历史较久。绝缘纸的聚合度大小直接反映了劣化程度，新的油浸纸（板）的聚合度约为 1000，当受到温度、水分、氧化作用后，纤维素降解，大分子发生断裂，使纤维素长度缩短，即 D-葡萄糖单体的个数减少至数百，而绝缘纸的聚合度代表了纤维分子中 D-葡萄糖的单体个数。

根据资料介绍和国内老旧变压器的测试情况，认为聚合度达到 250 左右，绝缘纸的机械强度已比出厂时下降 50%以上。对运行中的变压器测量绝缘纸的机械强度，由于对试样尺寸要求较高，没有测量聚合度取样容易。测量聚合度的试样可取引线上的绝缘纸、垫块、绝缘纸板等数克。对运行时间较长的变压器可尽量利用吊芯检查的机会进行取样。实际上，变压器纸的绝缘老化的后果，除致使其电气强度有所下降外，更主要的是机械强度的丧失，在机械力的冲击下，造成损坏而导致电气击穿等严重后果。因此，当聚合度下降到 250 后，并不意味着会立即发生绝缘事故，但从提高设备运行可靠性的角度考虑，更应避免短路冲击、严重的振动等因素，也应着手安排备品，便于使绝缘已严重老化的变压器较早退出运行。

2.2.7　变压器局部放电故障检测技术

进行变压器局部放电的检测[23]时常采用感应加压方式，试验电压一般要高于变压器的额定电压，为防止铁心过饱和，电源频率常采用 150～250Hz。局部放电信号多从高压套管末屏引出，若高压套管没有末屏，可用一个耦合电容器引出信号。在测试阻抗上接一个测试仪器，就可在测试仪器上与校正的放电量相比，即可得知局部放电的放电量。

1. 局部放电试验电源的频率、电压及持续时间和判断

1）电源频率、电压及持续时间

为保证在被试变压器加试验电压时，铁心处于不饱和的前提，应尽量减小试验电源频率，以利于减小补偿电感的容量。

由于局部放电试验是对电压很敏感的试验，只有当内部缺陷的场强达到起始放电场强时，才能观察到放电。因此，试验标准对加压幅值及持续时间、试验接线等都做了明确的规定，必须严格按标准进行加压试验，才能对设备的局部放电性能做出正确的评估。

根据国家标准和 IEC 标准，在对变压器进行局部放电试验时，被试绕组的中性点应接地，并应按规定程序施加高压端电压。采用工频试验电源是不可能使绕组中感应出这样高的试验电压的，因为铁心磁通密度饱和，励磁电流及铁磁损耗都会急剧增加，所以提高电源频率是唯一可行的办法。同时，在测量电力设备局部放电时，试验标准中包括了一个短时间内比规定的试验电压值高的预加电压过程，这是考虑到在实际运行过程中局部放电往往是由过电压激发的，预加电压的目的就是人为地创造一个过电压的条件来模拟实际运行情况，以观察绝缘在规定条件下的局部放电水平。例如，在模拟的过电压下发生局部放电后，在之后的 30min 加压时间中出现局部放电熄灭的情况。

2）判断变压器局部放电的水平

在规定施加电压及持续时间内，220kV 及以上电压等级的绕组线端放电量一般不超过相应规定的放电量标准，并要观察其起始和熄灭电压及随所施加电压的发展趋势，试验时变压器中性点应接地。

2. 变压器局部放电故障的判断

变压器的局部放电故障，可能发生在任何电场集中或绝缘不良的部位，如固体绝缘材料或变压器油中的气泡、高压绕组静电屏出线、高电压引线、相间围屏以及绕组匝间等。

严格地说，变压器内部总存在程度不同的局部放电。这种一时尚未贯通电极的放电，如果涉及固体绝缘，严重时会在绝缘上留下痕迹，并最终发展为电极间的击穿。而对于严重的局部放电故障，由于有些发展为击穿的时间较短，并且油色谱分析的特征往往不明显，这些都会给及时诊断带来困难。

在对变压器进行油色谱分析时，考虑到放电故障总伴随 C_2H_2 和 H_2 的成分，如果 C_2H_2 占总烃较大比例（如 30% 及以上），或 C_2H_2 体积分数达到十万分之一以上，而变压器仍能运行（或轻瓦斯保护动作），一般可判断为电位悬浮放电。如果

C_2H_2 和 H_2 的成分增长，并伴随 CO 增加，应怀疑存在绝缘纸的局部放电，必须迅速查明原因，及时处置。

局部放电测试包括电气法和超声波法，测试应尽量按国家标准规定的加压方法，使变压器主、纵绝缘均承受较高的电压，放电缺陷能明显地暴露出来。超声波法可以帮助确定放电的位置，是很有前途的试验手段，只是目前测试仪器的性能尚不满意，且难以确定放电量，这也限制了其单独使用的范围。

为了准确地诊断，除熟练掌握有关试验方法和判断标准外，还需要对变压器结构有充分的了解，以利于通过各种试验手段并进行初步分析判断后查找故障部位。首先对变压器附件，如冷却器和套管等仔细检查，确定其存在故障的可能性。对变压器本体（包括分接开关）的检查主要有两种方法：放油进箱检查和吊罩检查。放油进箱检查省时省力，是优先考虑采取的检查步骤，缺点是对进箱检查人员技术素质要求高，而且有些部位不容易检查到。电力变压器的局部放电故障，可能是由于运行中的色谱分析异常或轻瓦斯保护动作，也可能是由于其他预试中的结果超标。但击穿故障与局部放电故障是有根本区别的，击穿故障是电极之间（如高压对地或相间等）的击穿，已造成变压器绝缘的严重损坏，而局部放电故障是一种可能发展为击穿，但尚未贯通电极的放电故障。

3. 预试规程中对局部放电的要求

1）试验周期

预试规程规定变压器消缺性大修后（针对 220kV 及以上变压器）应进行试验；更换绕组后（针对 220kV 及以上变压器，120MV·A 及以上变压器）应进行试验；必要时应进行局部放电试验。

2）试验要求

进行局部放电试验在线端电压为 $1.5U_m/\sqrt{3}$ 时，放电量一般不大于 500pC；在线端电压为 $1.3U_m/\sqrt{3}$ 时，放电量一般不大于 300pC。（注：pC 为电量单位，$1pC=10^{-12}C$）

3）试验中应注意的问题

（1）采用宽频带放大器要避免广播、载波、电晕的干扰。当采用中频电源时，要注意检测阻抗的频率下限值取高一些。

（2）电流应采用对称输入，以减少电源设备的自身放电干扰。

（3）在用电气法进行局部放电测量试验时，可应用超声法进行放电的定位和探测。

2.2.8 变压器有载分接开关检测技术

随着对电能电压质量要求的提高,有载调压变压器得到越来越广泛的应用,为了保证有载调压变压器的可靠运行,提高有载分接开关[24]的检修、维护和检测质量就显得更为突出和重要。

1. 有载分接开关的主要结构组成

有载分接开关由下述 3 个部分组成。

(1)选择开关:主要任务是选择相应的变压器调压分接头。

(2)切换开关:主要任务是带负载切换调压。为了能瞬时切断电流,完成分接过渡,要具备快速的动作机构。

(3)过渡限流装置:主要任务是在切换开关切换分接时,触头断开瞬间接入过渡电抗或电阻,以限制电流,减小电弧,防止短路。过渡电抗器装在变压器油箱内,允许跨桥使用时能增加调压级数,但因电抗器始终接入电路中,耗电大,又因为不易熄弧,所以现在已被结构紧凑、体积小、重量轻的电阻式代替。

2. 有载分接开关的分类

有载分接开关分为复合式和组合式两种。

(1)复合式有载分接开关。其特点是直接选择开关和切换开关共为一体,分接开关油箱的油与变压器本体的油隔离,在分接选择的同时完成切换操作,因此体积较大。因为调压是一次完成,所以结构简单,造价低,动作过程简单,适用于电流不大、电压较低的变压器,一般用于电压分接级数较少(多为七级)的有载调压变压器上。

(2)组合式有载分接开关。其结构特点是由选择开关和切换开关分开组合而成,选择开关先动作,选择需要上调一级或下调一级的分接数。由于没有切换动作电流的影响,不会产生电弧,因此选择开关一般安装在变压器本体油箱内。而切换开关由于存在负载电流切换过程,为防止切换时电流的火花对变压器油的污染,因此安装在一个单独的油箱内。由于选择调压级与切换是先后进行的,因此适合电流大、电压高的变压器使用,同时调压级数范围可以大大增加。目前,大中型变压器大多采用组合型有载分接开关。

3. 有载分接开关的检测及故障修复后的试验项目

有载分接开关检测及故障修复后,一般应该进行以下试验。

(1)触头接触压力检测。分接选择器和粗选择器的触头接触压力,是在某一个工作位置下进行测量,而切换开关是对每对触头逐个进行测量。

（2）转动力矩测量。测量转动力矩即测量驱动机构的最大旋转力矩，最好分别进行分接选择器、切换开关和驱动机构等部件的测量。

（3）触头接触电阻检测。

（4）开关动作顺序、分离角的检查。

（5）外施耐压试验。

（6）过渡时间与三相同期的检测。采用电阻过渡的分接开关，切换开关动作的快慢将影响断弧和过渡电阻工作。如果切换的动作过慢，将不能断弧并烧毁过渡电阻。通过测量电阻的过渡时间，可以判断切换开关的工作情况及有载分接开关三相同步动作的同期时间差是否符合相应的要求。

根据测到的每相切换时间、过渡电阻的桥接时间、三相的不同期时间，结合波形图中波形是否完整、对称，判断切换过程中是否有断开现象，如果出现断开现象，可能是由于过渡电阻断裂，动、静触头接触不可靠等原因造成。

2.2.9　变压器绕组变形检测技术

1. 频率响应法原理

变压器是一个复杂的由电阻、电容和电感组成的非线性的分布参数网络，当向某一个线端施加不同频率的电压时，在每个频率下其他线端得到的响应是不相同的。即使电路是线性的，不同频率下的变化也有不同响应。如果在变压器正常时，录制了某些线端的频响曲线，而在发生出口短路后重新录制相应线端的频响曲线，比较这两次曲线的重合程度，就可以知道绕组的变形情况。由于绕组的变形[25]必然导致分布参数的变化，从而使频响曲线也改变。绕组变形时，频响曲线的变化可以用相关系数来表征。一台新的无损伤的变压器有一个频响特性，当绕组变形后，频响曲线上各点就可能偏离原来的坐标，于是出现了一条新的频响曲线，比较两条频响曲线的相关性就可以分析评估绕组的整体变形状况。

2. 频率响应法测量接线及波形比较

正常运行的变压器绕组，三相频谱特性相关性好。若发生事故但未造成绕组变形，事故前后的曲线基本重合。绕组变形后，事故前后的曲线明显偏离且不重合，说明相关性差。变形时曲线峰值点会发生平移，或增频，或减频，峰值点对应幅值分贝数也会改变。

3. 频率响应法测量参考判据

由于变压器绕组变形测试在国内开展时间不长，目前尚未达到普及，IEC 及国家标准，包括《电力设备预防性试验规程》都没有提供明确的规定和可供执行的标准，但一些电力科研机构已做了大量的探索和实践，总结了大量的现场经验，并摸索出一些相当可贵的科学客观规律，以作为目前开展变压器绕组变形测试的参考和判据。

（1）110kV 及以上大、中型变压器三相频响曲线相关性很好，可以进行三相之间的相互比较；也可以以同一相投运前的频响曲线为基准与运行后某一时期频响曲线比较，进行绕组变形分析。

（2）应用频响曲线在 1～500kHz 频段的相关系数 R，可以分析绕组整体变形状况。当 R 大于 0.95 时，绕组无可见变形；当 R 接近 0.9 时，有轻微变形；当 R 小于等于 0.9 时，有可见的较严重的变形，甚至有匝间、饼间短路故障。

（3）分析绕组频响曲线在 1～200kHz 低频段的峰值点数减少，起伏幅度变小，以及在频率方向的位移，可以诊断绕组的局部变形。例如，10kV 及 35kV 内柱绕组变形时，受到挤压，频响峰值点一般向低频方向移动；110kV 和 220kV 外柱绕组变形时，受向外拉张力，频响峰值点一般向高频方向移动。

（4）频响曲线相关系数是绕组变形诊断的必要判据，峰值点数的减少、移动变化是变形诊断的充分判据，两者应综合应用、全面分析。

（5）完好的变压器绕组对于同一相来说，不同分接位置的频响曲线相关性很好，若调压绕组发生变形或分接开关有故障，位置装错，则频响曲线相关性会变坏。因此，比较同一相不同分接位置的频响相关性，可以诊断调压绕组、分接开关的变形和故障。

（6）绕组频响曲线出现严重的毛刺，表明分接开关触头有严重烧伤，绕组焊头、导电杆接触不良。

2.2.10　变压器故障红外检测技术

红外检测技术是研究红外辐射的产生、传递、转换、探测，并在实际工作中应用的一门技术。红外测温诊断近年来在运行变压器故障检测中已被迅速有效地推广应用[26]。

自然界中一切温度高于绝对零度的物体每时每刻都要辐射红外线，且这种红外辐射都载有物体的特征信息，这就为利用红外技术和判别各种被测目标的温度高低与分布场提供了依据。

1. 电力设备常用红外测温仪器

电力设备红外测温仪器的类型主要有红外测温仪、红外热电视、红外热像仪等，它们的性能指标是使用者选择仪器的主要依据。根据用途而选择仪器，功能上通常只以几个指标为主，不能期望有一个全能的仪器可以满足电力热故障的各方面的需要。

2. 变压器常见故障及红外诊断

电力变压器可以分为干式和油浸式两类。目前，除了部分配电变压器采用干式变压器以外，升压变压器、降压变压器、联络变压器都是油浸式变压器，主要由器身、油箱、保护装置、出线装置和冷却装置 5 个部分组成。

1）器身

电力变压器的器身是在铁心和绕组上组装绝缘及引线。器身一般装在油箱和外壳之内，现场配置调压、冷却、保护、测温和出线装置，就构成了变压器的结构整体。

2）油箱

油箱由油箱本体（包括箱盖、箱壁和箱底等）以及附件（包括放油阀、活门、小车、油样活门和接地螺栓等）组成。

3）保护装置

保护装置包括储油柜、油表、安全气道、吸湿器、测温元件、净油器和气体继电器等。

4）出线装置

出线装置包括高、中、低压套管和中性点套管。

5）冷却装置

冷却装置（即散热器和冷却器）是把变压器运行中由于铁心和绕组的损耗而产生的热量散发出去，以保障变压器安全运行的装置。

由于电力变压器的结构复杂，所包含的部件也特别多，出现的故障各式各样，有一些故障用红外的方式来检测和诊断效果很好，但也有些故障用红外的方法来检测效果并不好。这是由于某些故障适合于红外检测，而另外某些故障不适合于红外检测。就如目前做介质损耗试验，可以检测出不少绝缘性故障，但同样也难以检测出变压器内部线圈与铁心间是否有局部放电一样。因此，既不能认为红外诊断技术是万能的，也不能认为它的作用不大，而是要看用它来完成的工作。

3. 变压器外部故障的红外诊断

变压器外部故障主要包括导体连接不良、漏磁引起的箱体涡流和冷却装置故障等。因为这类故障都是在变压的外部，所以与其他电气设备的外部故障一样，可以直接利用红外热像仪检测。

1）导体外部连接不良故障诊断

当变压器与外部载流导体连接不良或松动时，因电阻增大而引起局部过热，其热像特征是以故障点为中心的热像图。

2）冷却装置及油路系统故障诊断

变压器的冷却器、潜油泵、油箱、油枕和防爆管等冷却装置及油路系统都在变压器外部，它们的故障（无论是冷却管道堵塞、假油位还是潜油泵过热等）都能够直接在红外热像图上清晰地显示出来。而且它们存在故障时的热像特征是一个以故障点为中心的热像分布。例如，潜油泵过热，则在油泵相连的位置有一个明显的热区；冷却器堵塞，则堵塞处无热油循环，相应的热像是一个暗区（或低温区）；如果油枕油位不足，则在热像图上可以清晰地看到油枕油面低落；如果油枕内有积水，由于水的密度比油大，必然沉积在油枕底部，又因水的导热性好，温度比油低，热谱图上油枕底部可看到有明显的水、油温度分界面。

3）变压器漏磁和箱壳涡流故障的诊断

由于设计或制造不良，变压器的漏磁通在箱壳上将感生电动势并形成以外壳螺栓（钟罩螺杆）为环流路径的箱体环流，其热像特征是以漏磁通穿过而形成环流的区域为中心的热谱图，从而造成箱体局部过热，引起螺杆温度很高以及色谱异常，严重时还会影响变压器的正常运行。

4）变压器本体内部故障的红外诊断

变压器本体内部的故障，主要包括线圈、铁心、引线、分接开关、本体绝缘、支架等部件存在的缺陷。由于变压器结构和传热过程的复杂性，要利用红外成像方法直接在线检测变压器本体内部的各种故障是十分困难的。但是，如果采用一种特殊的运行方式，在动态过程中诊断本体内部的某些故障还是可行的。例如，变压器在增减负荷中诊断、在停掉冷却器后诊断、在停电降温过程中诊断以及在吊芯（罩）状态下外施激磁电压进行诊断等。

5）非漏磁引起的箱体局部过热故障的诊断

当变压器箱体表面出现过热，而钟罩螺杆又无发热迹象时，这种发热迹象一般不是箱体漏磁产生的涡流所致，而是内部故障点产生的热功率传导到箱体表面的结果。

6）铁心局部发热故障的诊断

变压器铁心局部发热故障起源于铁心叠片间短路或者铁心多点接地，因为这两种原因引起的铁心局部发热故障都在变压器的内部，所以只有干式变压器才能进行在线红外检测。而对于油浸式变压器而言，因故障点产生的热功率往往不能反映到外部，故只能吊芯（吊罩）后适当外施激励电压进行检测。

7）干式变压器铁心故障的诊断

干式变压器铁心局部片间短路产生的热功率，一部分可以直接辐射出来，其余部分经相邻构件的热传导，也可以在外面直接检测到。因此，可以利用红外成像方法直接检测，其热谱图上表现为以缺陷部位为中心的局部温度升高。

8）油浸变压器铁心故障的诊断

正常运行的油浸式变压器的绕组和铁心在油箱的中部，四周充满变压器油。内部即使出现局部故障而发热，由于油的冷却扩散作用，尤其当铁心故障不太严重时，一般在油箱外部也不会显露出来。因此，无法形成局部明显异常的特征性热像图。

2.2.11　变压器内部热故障的检测和诊断案例

1. 主变内部引线短路的发热缺陷

某电厂用红外热像仪对经油色谱分析有 700℃高温的变压器进行整体温度分布测量，该变压器有高、中、低压套管共 9 支，所有套管的热像图分布均基本正常。其中中压套管的引出线与母线的连接接头三相都过热，但它不像是引起该变压器过热的原因。当检测到主变压器低压侧箱体时，发现在低压侧 C 相升高座下面的箱体有一个过热部位，温度明显高于 A、B 两相相同部位约 10℃。红外热像检测初步诊断为低压 C 相线圈出线有过热故障。主变压器停止运行，将变压器油排出，打开入孔门，试验人员钻进主变压器检查，发现低压引线软连接 C1-X1 在内部已短路并烧在一起。

2. 变压器箱体漏磁造成的局部发热缺陷

某变电站里，测得了由于变压器箱体涡流、漏磁等原因，造成的以箱体局部的个别螺栓处为中心的发热现象。一般来说，油箱表面的热场分布是不均匀的，由于漏磁通的影响，箱壁表面热场中较热的部分，往往是由该处漏磁较大而形成涡流损耗发热引起的，但并不一定显示该表面所对应的内部有局部过热现象。正处于运行状况下，无法用红外热像仪直接对线圈、铁心和分接开关等进行监测。

3. 变压器的散热器及瓦斯继电器油路不通的缺陷

某变电站红外测温检查过程中，发现变压器部分散热器的阀门未打开，以及变压器瓦斯继电器的油门未打开的设备缺陷，根据红外热像图谱的分析判断消除了变压器的事故隐患。

2.2.12　变压器高压套管的常见故障及红外诊断案例

高压套管是各种电气设备的重要组件，甚至是主设备上的重要组件。如果高压套管出现故障，必将造成严重后果甚至造成主设备烧毁。高压套管按结构特点可分为单一介质套管、复合介质套管和电容式套管 3 种。按主要绝缘介质又可分为纯瓷套管、充油套管、充气套管、树脂套管、油纸电容式和胶纸电容式套管。

在正常工作状况下，由于高压套管的电容量相对较小，当介质损耗因数很小时，单纯由绝缘的介质损耗产生的发热功率甚小，不超过几瓦，由此而引起的套管表面温升一般不超过 1℃，而此时流经载流体的电流引起的正常发热损耗可高达几百瓦，可能比前者高出两个数量级。同时，主变压器的高压套管工作在主变压器本体产生的高温环境中，这些"正常"的发热将淹没套管介损引起的发热"信号"，给某些微弱信号的检测带来不利影响，但这并不阻碍对许多故障的检测和诊断。

变压器高压套管发热及高压套管内部不同故障缺陷类型主要包括以下几个方面。

（1）套管绝缘故障。由受潮和老化造成的介质损耗增大或绝缘故障，其热像特征呈现以套管整体发热的热像图。凡是发现套管有较大面积分布性过热的情况都应加以重视。当三相间温差达到 1K 以上时，或与上次测试相比，三相温差的变化超过 1K 时，应尽早安排电气试验，以便确认是否存在缺陷。

（2）套管端部过热。主要是穿缆线与引线焊接不良、导电管与将军帽连接螺母配合不当，或因受外界引起的作用力，致使接触电阻增大，在通过较大电流时产生过热。这时可以明显见到以热源为中心的过热分布图像。

（3）套管与外接引线接触不良。

（4）油位不足。热谱图上有明显的油、气分界面，往往是漏油或在充油时没有排掉套管内的空气造成的。从热像中，可以直观地看到液面处有油的下部和缺油的上部间的明显分界处。若严重缺油时引起局部放电，从热像上还可看到放电部位造成的局部温升。

（5）充油套管缺油的缺陷。运行中红外检测油浸设备是否缺油，是根据设备表面温度分布判断的。例如，套管缺油时，由于油面以上的空气介质的热容量和导热系数很低，而油介质的热容量和导热系数很高，因此油面以上温度比油面以下要低，其热像特征为沿油面有明显的温度突变。

2.2.13　变压器高压套管内部过热缺陷案例

1. 变压器 35kV 纯瓷套管缺油缺陷

某变压器 35kV 纯瓷套管红外热像仪观测到 B 相套管本体温度比其他两相的温度低 6℃。据变电站工作人员介绍，该变压器两个月前放过油，检修低压侧分接开关。根据上述情况，初步判断该相套管缺油，由于套管充油后，忘了排气，造成套管内部憋气，这时使套管的电气绝缘强度降低，威胁变压器的安全运行。

由于各种材料的热容量及导热系数不同，它们吸收热量的情况也不同，利用这一特点，使用红外热像技术诊断充油电力设备是否缺油。

2. 变压器 220kV 套管缺油缺陷

某变压器检测到套管 220kV 缺油达五分之二的严重缺陷。在分析中，发现该套管在两个月前的油色谱化验时，油中乙炔含量已经达到 0.00044%，而该套管在 3 个月前的油色谱化验时油中无乙炔。这些现象说明这支套管近期可能有严重渗油、漏油问题。

3. 110kV 电容套管缺油

某变电站进行红外测温检查时，发现一台 110kV 电容套管油位正常，但红外热像反映套管严重缺油，经停电检查确实严重缺油。

4. 螺纹接头与变压器绕组引线焊接不良的发热缺陷

某主变压器 110kV 套管，额定电流 1200A，穿缆式结构，红外热像仪观测其 B 相 110kV 套管将军帽顶部温度偏高，为 115℃，跟踪监测，该点温度继续增高，达到 172℃。当导体接头接触不良时，接触电阻增大，该部位会严重发热。将军帽接头的螺纹连接处、接头和引线的焊接部位接触电阻偏大，是引起套管顶部过热的主要原因。

2.2.14 避雷器故障案例

某 35kV 变电所输电线路呈三角形排列，全线架设了避雷线。在变电所的入口处，装设了避雷器和保护间隙。保护间隙被雷击坏后，一直没有修复。在变电所的周围还装设了两根 24m 高的避雷针，防雷措施比较全面，但还是遭受到雷害。雷击发生后，进行了认真检查，防雷系统接地电阻均小于 4Ω，符合规程要求。检查有关预防性试验的记录，发现 35kV 变电所内的 B 相避雷器，由于当时生产紧张等原因，其试验数据一直未予以处理。雷击以后分析认为，造成这起雷击损坏的主要原因如下所示。

（1）雷电落在高压线路上，线路上没有保护间隙，当雷击出现过电压时，没有能够通过保护间隙使大量的雷电流泄入大地，而击断了高压输电线路。

（2）当雷电波随着线路入侵到变电所时，由于 B 相避雷器质量不良，冲击雷电流不能够很好地流入大地，产生较高的残压，当超过高压跌落式熔断器的耐压值时，跌落式熔断器被击坏。

（3）当避雷器上有较高的残压时，避雷器的接地系统和变压器低压侧的中性点接地是相通的，造成变压器低压侧出现较高的电压。低压配电柜的绝缘水平比较低，在低压侧出现过电压时，绝缘比较薄弱的配电柜首先被击坏。

具体改进措施如下所示。

（1）恢复线路的保护间隙，使雷击高压线路时，保护间隙首先能够被击穿而把雷电流泄入大地，起到保护线路和设备的作用。

（2）当带电测试发现避雷器质量不良时，要及时拆下进行检测，包括①测量绝缘电阻；②测量电导电流及检查串联组合元件的非线性系数差值；③测量工频放电电压。

只有当这些试验结果都符合有关规程要求时才可继续使用，否则应立即予以更换。

（3）在电气设备发生故障后，经修复使绝缘水平满足要求后才可再次投入使用。

2.3　电力变压器故障诊断气相色谱分析法

大型油浸式电力变压器，目前几乎都是用油来绝缘和散热的，变压器油与油中的固体——有机绝缘材料因放电和热的作用会逐渐老化和分解，产生少量的各种低分子烃类及 CO 和 CO_2 等气体，变压器的内部绝缘故障伴随着局部过热和局部放电现象，使油或纸分解产生 H_2、CH_4、C_2H_2、C_2H_4、C_2H_6、CO 和 CO_2 等气体。当变压器发生故障时，会影响气体产生的速度，而且不同的故障会影响不同的气体产生速度，导致各种气体的浓度、比例关系不同。因此，油中溶解气体的组分和含量在一定程度上反映出变压器绝缘老化或故障的程度，通过对油中溶解气体进行气相色谱分析，便可发现变压器内部的发热和放电性故障。气相色谱分析法就是根据故障情况下产气的累计性、产气速率和产气的特性来检测与诊断变压器等充油电气设备内部的潜伏性故障。图 2.4 为一种油浸式电力变压器图片。

图 2.4　油浸式电力变压器

2.3.1　特征气体及气相色谱概况

1. 油浸变压器油中特征气体扩散分析

通过对变压器油中特征气体的分析[17]发现，在油液体中特征气体的整个扩散过程中，即在整台油浸式变压器内部油体中，由特征气体密度大的油区向密度小的油区转移，扩展速度越快，说明该组特征气体的浓度越高。从这一理论出发，很容易得出，发生故障区域中，特征气体浓度越高，其扩展的速度越快；对远离故障区域的油区，特征气体相对含量较低，扩散的速度相对也较慢。

2. 监测变压器油中溶解的气体

电力变压器中采用的是油浸纸绝缘式。在电作用与热作用的过程中，矿物类与绝缘物会发生裂解，从而产生 H_2、CH_4、C_2H_6、C_2H_4、CO、CO_2 等特征气体。对这些溶解气体进行分析，判别其成分与相互比例就可以判断潜在故障的存在并确定其故障类型。

使用气相色谱仪对油进行分析的过程如下：取油样；对油样进行脱气；利用载气（惰性气体）将取得的气体推动至色谱仪，其中不同的气体由于运行速度不同而分离；测定所得气体的浓度以及成分。

3. 色谱分析诊断的基本程序

首先检测特征气体的含量，计算产生气体的速率；通过分析得出的气体组分及其含量，进行三比值计算，判断故障的类别，纵向审核设备的运行历史，并且通过横向的其他试验进行综合判断。

正在运行的变压器内部气体形成的两个主要原因是热和电的故障。由于导体损耗加重，油和固体绝缘体受热分解而产生气体，油和绝缘体受到电弧温度的影响也会分解产生气体。通常，分解气体形成的主要原因是离子的碰撞。低能放电或电晕时也有可能有少量热量产生。

根据模拟实验的结果，发生不同故障时油分解出的气体如下所示。

（1）300～800℃时，热分解产生的气体主要是低分子烷烃（CH_4、C_2H_6）和低分子烯烃（C_2H_4、C_3H_6），也含有 H_2；

（2）当绝缘油暴露于电弧中时，分解气体大部分是 H_2 和 C_2H_2，并有一定量的 CH_4 和 C_2H_4；

（3）发生局部放电时，绝缘油分解出的气体主要是 H_2 和少量 CH_4，发生火花放电时，还有较多的 C_2H_2。

由上可知，利用形成的气体组分浓度的相对比值，可以推测此处的油或油纸绝缘处的裂解条件，这就是目前在油中溶解气体色谱分析中被广泛采用的比值法的依据。绝缘油气相色谱分析法是目前检测变压器内部故障的常用方法，有助于管理人员发现早期的潜伏性故障。

基于油中溶解气体类型与变压器内部故障性质的对应关系，人们提出了多种以油中特征气体或其比值作为依据来判断故障性质的方法。

在实际应用中，油中特征气体的成分、含量与故障性质之间的关系常用特征气体法、三比值法表示。经过广大电力人员不断积累经验并对其进行改进，这两种方法对变压器的安全运行发挥了重要作用。

1）特征气体与故障性质的关系

根据长期的实践和对统计数据的分析，人们总结出一整套利用特征气体进行故障分析的方法，称为特征气体法，特征气体可以反映故障点引起的周围绝缘油、绝缘纸的热分解本质。气体组分特征随着故障类型、故障能量及涉及的绝缘材料的不同而不同。故障点故障性质与特征气体密度之间的关系如表 2.5 所示。

表 2.5　故障性质与特征气体密度关系

序号	故障性质	特征气体情况
1	一般过热性故障	总烃较高，C_2H_2 含量小于 0.0005%
2	严重过热性故障	总烃高，C_2H_2 含量小于 0.0005%，但 C_2H_2 未构成总烃的主要成分
3	局部放电	总烃不高，H_2 含量大于 0.1%，CH_4 占总烃的主要成分
4	火花放电	总烃不高，C_2H_2 含量大于 0.001%，H_2 较高
5	电弧放电	总烃高，C_2H_2 高并构成总烃的主要成分，H_2 含量高

2）特征气体三比值的范围

如前所述，不同性质的故障所产生的油中溶解气体的组分是不同的，据此可以判断故障的类型。由于过热故障产生的特征气体主要是 CH_4、C_2H_4，放电故障主要是 C_2H_2、H_2，因此可以用$[CH_4]/[H_2]$值来区分是放电故障还是过热故障。根据故障点温度越高，C_2H_4 占总烃比例将增加的特点，用$[C_2H_4]/[C_2H_6]$的值可区分温度高低。因纸过热主要分解 CO 和次要分解 CH_4 的特点，也可用$[CO]/[CH_4]$值区分温度高低，温度越高，$[CO]/[CH_4]$值越小。根据火花放电故障时产生 C_2H_2，其次是 C_2H_4，而局部放电一般无 C_2H_2 的特征，可用$[C_2H_2]/[C_2H_4]$的值来区分放电故障的类型。

用油中溶解气体色谱法测得油中气体浓度后，IEC 和国家标准推荐用$[C_2H_2]/[C_2H_4]$、$[CH_4]/[H_2]$、$[C_2H_4]/[C_2H_6]$这三个比值大小来判断变压器存在的故障情况，这种方法为三比值法。IEC 三比值法是国家标准中推荐使用的判断充油电气设备故障性质的主要方法之一，它的编码规则和判断方法分别见表 2.6 和表 2.7。

表 2.6　IEC 三比值法的编码规则

特征气体的比值	比值编码范围		
	$[C_2H_2]/[C_2H_4]$	$[CH_4]/[H_2]$	$[C_2H_4]/[C_2H_6]$
<0.1	0	1	0
0.1~1	1	0	0
1~3	1	2	1
>3	2	2	2

表 2.7 IEC 三比值法的判断方法

序号	故障性质	比值编码范围		
		$[C_2H_2]/[C_2H_4]$	$[CH_4]/[H_2]$	$[C_2H_4]/[C_2H_6]$
1	无故障	0	0	0
2	低能局部放电	0	1	0
3	高能局部放电	1	1	0
4	低能放电	1~2	0	1~2
5	高能放电	1	0	2
6	<150℃的低温过热故障	0	0	1
7	150~300℃低温过热故障	0	2	0
8	300~700℃中温过热故障	0	2	1
9	>700℃高温过热故障	0	2	2

2.3.2 油色谱分析诊断实例

1. 分析及处理过程

潮州供电局 220 kV 金砂变电站#1 主变压器是保定变压器厂生产的，其型号为 SFPSZ9-180000/220，额定容量为 180000/180000/90000 kVA，额定电压为 220/121/11 kV。

1998 年 1 月投入运行至 1998 年 12 月，更换 10 kV 低压侧线圈，更换线圈后至 2001 年 11 月定期电气试验正常，油色谱分析试验数据呈缓慢上升趋势，但增量不大，色谱分析数据并未发现异常。在 2002 年 6 月 19 日的年度油色谱分析时，发现该变压器总烃含量超标，达到 304.1μL/L。于是对该主变压器进行滤油处理，将油中总烃含量滤到 48.5μL/L。滤油后继续进行色谱跟踪分析，发现从 2003 年 7 月开始，总烃增长明显，但是在 2003 年 10 月中旬后，总烃又基本稳定在 300μL/L 左右，经过和厂家联系，在 2004 年 6 月，对该变压器进行现场吊罩大修，在 B 相调压线圈至有载调压器的引线中，发现第五挡的连线在 T 形连接处绝缘纸有大约 2cm² 的黑点，厂家对此进行了处理，在各项试验合格后投入运行。在投入运行后的色谱跟踪分析中，发现故障并没有排除，总烃继续增长，特别在负荷高峰期时，总烃增长明显，最后决定返厂解体检查大修。该变压器故障修复前油色谱分析结果见表 2.8[27]。

表 2.8　变压器故障修复前油色谱分析结果　　　　　　（单位：μL/L）

日期	组分								备注
	H_2	CH_4	C_2H_4	C_2H_6	C_2H_2	CO	CO_2	C_1+C_2	
1998/02/18	18.66	5.88	0	0	0	81.25	185	5.88	投运后1月试验
2001/11/21	18.7	10.9	3.5	0.6	0	242	1303	15.0	年度试验
2002/06/19	48.3	125.5	143.4	35.2	0	358	2080	304.1	色谱分析异常
2002/08/08	52.9	157.7	156.7	39.6	0	419	2439	354.0	
2002/10/16	44.1	134.2	167.2	43.0	0	374	2340	344.4	
2002/12/07	0	13.9	26.5	8.1	0	25.8	393	48.5	滤油后
2003/04/15	6.2	19.7	36.7	11.2	0	45.9	743	67.6	
2003/09/28	30.4	79.0	98.6	22.7	0	125	1334	200.3	
2004/03/05	48	114.3	144.5	31.4	1.1	144	1326	291.3	
2004/06/30	0	2.2	10.8	3.2	0	4.3	203	16.2	现场吊罩大修检查
2007/06/08	44.6	108.4	133.9	29.3	0.84	563	3428	272.4	6月15日进行真空滤油
2007/08/17	7.6	12.5	30.7	8.4	0.42	109	1220	52.0	
2008/03/17	22.5	54.1	90.2	23.2	0.57	267	2507	168.0	16日起主变接近满负荷
2008/04/22	34.0	82.4	120.4	32.5	0.61	304	2905	235.9	22日开始降负荷至80%
2008/04/29	35.6	88.2	129.7	34.8	0.67	327	3055	253.4	5月主变退运返厂大修

根据有关导则规定，相关气体浓度的注意值为：总烃（C_1+C_2）应小于150μL/L；C_2H_2应小于5μL/L；H_2应小于150μL/L。从跟踪测试的数据可以看出此份油品中，总烃超过了注意值。不仅要注意其中的一项或多项气体浓度是否超过注意值，同时还应注意气体的增长速率，即产气速率。

相对产气速率：

$$R=\{[(C_2-C_1)/C_1]/\Delta t]\times100\%$$
$$=\{[(253.4-168.0)/168.0]/0.4]\times100\%$$
$$\approx127.1\%/月$$

绝对产气速率：

$$A=[(C_2-C_1)/\Delta t]\times(m/\rho)$$
$$=[(253.4-168.0)/12]\times(48/0.89)$$
$$\approx383.8\ mL/d$$

式中，m为设备油总量，t；ρ为油的密度，t/m^3。

DL/T 722—2014《变压器油中溶解气体分析和判断导则》规定：相对产气率注意值不大于10%/月，绝对产气率不大于12 mL/d。从上面计算出的数据可以看出，相对产气率和绝对产气率远远大于10%/月和12 mL/d，可判断设备存在故障。

利用三比值法进行分析：

$[C_2H_2]/[C_2H_4]=0.67/129.7\approx0$

$[CH_4]/[H_2]=88.2/35.6\approx2.48$

$[C_2H_4]/[C_2H_6]=129.7/34.8\approx3.73$

从上面的计算结果可以得出三比值范围编码为（0，2，2），因此可以判断设备应该存在"高于 700℃的高温过热故障"。

从跟踪分析的色谱数据可得，不但总烃增长，而且 CO 和 CO_2 含量也明显增长，并且该主变在 2008 年 2 月取油样进行油中糠醛含量试验时结果无异常，因此可以排除绝缘纸和绝缘板过度老化的可能。

由于主变更换过低压线圈，有可能在更换过程中，吊装线圈时损伤了线圈绝缘，同时根据上面色谱数据和各项试验结果、主变运行负荷情况综合分析认为：通过高压试验，排除铁心和夹件多点接地故障；油中色谱 CO、CO_2 含量明显增长，油中糠醛含量无异常，有可能存在固体绝缘故障，故障特征气体产气速率随着负荷增加而明显增加，因此判断设备应该存在局部短路或层间绝缘不良的故障，并且故障点应该在线圈上；排除主变本体检修过程中动焊造成运行中出现 C_2H_2 的情况。

2. 故障的分析处理

综上所述，认为该变压器存在严重故障，而且发展较为迅速，应采取必要的措施，尽快安排进行吊罩检修，查明故障原因和故障部位，并严禁主变过负荷运行。厂家在解体后检查找出主变压器异常缺陷。

中压 Am 相线圈两处股间短路，一处是从线圈下部往上数第 22 和第 23 饼线之间、线圈下部出线往左第 6 和第 7 等份之间撑条位置的外部导线 S 弯位处，并发现短路的两根铜导线已经烧蚀严重；另一处是从线圈上部往下数第 13 和第 14 饼线之间、线圈上部出线往右第 12 和第 13 等份之间撑条位置的内部导线 S 弯位处。

找出故障原因后，厂家随后按工厂目前现行的工艺标准对变压器进行认真的检查修复，一切试验结果正常。目前，变压器安装调试完毕并且投入运行，油色谱分析数据正常。该变压器故障修复后色谱分析数据见表 2.9。

表 2.9　变压器故障修复后油色谱分析结果　　　　　（单位：μL/L）

日期	组分							
	H_2	CH_4	C_2H_4	C_2H_6	C_2H_2	CO	CO_2	C_1+C_2
2008/12/16	0	0.17	0	0	0	47.77	103.1	0.17
2009/06/05	4.75	1.37	0.17	0	0	22.53	87.11	1.54
2009/07/08	1.24	2.18	0.55	0.19	0	40.21	146.1	2.92
2009/08/03	3.85	4.24	1.33	0.62	0.13	116.7	318.4	6.32
2009/09/25	3.96	6.15	1.78	0.46	0.11	237.2	501.7	8.5

通过对电力变压器油中所含气体进行色谱分析，可以有效地判断变压器中潜伏的早期局部故障的存在。早期故障的诊断虽然灵敏，但由于这一方法的技术特点，在故障的诊断上也有不足之处，对部分故障类型，如进水、受潮或是局部放电等，容易发生误判。因此，在对变压器潜伏性故障进行判别时，有必要根据故

障以及缺陷的不同发展阶段，采用不同的分析方法。同时结合设备的实际运行状况，进一步整合电气试验、油质分析以及对设备的损坏程度等做出准确的、综合的判断，在具体应用中根据外部电气试验数据，充分发挥油化学检测的灵敏性，正确评判设备状况，通过制定针对性的检修方法，提高变压器的运行可靠性。

2.4　小　　结

本章简单介绍了电力变压器故障产生的原因和类型以及变压器故障诊断气相色谱分析法，给出了故障性质与特征气体密度关系、IEC 三比值法的编码规则以及判断故障性质的 IEC 三比值法，为后续变压器故障诊断专家系统软件的开发提供了基础。

电力变压器故障产生的原因可以归结为设计制造方面的原因、运行维护方面的原因以及正常老化及突发事故。这些故障有外部的故障，也有内部的故障，有突发性故障，也有累积性故障。故障具体表现为变压器油质变坏、内部声音异常、自动跳闸故障、油位过高或过低、瓦斯保护故障、变压器油温突增、绕组故障、附属设备故障等。为了降低或减少变压器的故障，需要定期巡视变压器的电压、电流、上层油温等，并经常对变压器的外部进行检查。

电力变压器的故障复杂烦琐，对其检测诊断的技术包含多个方面，主要有变压器油中气体色谱检测技术，变压器绕组直流电阻检测技术，变压器绝缘电阻及吸收比，极化指数检测技术，变压器绝缘介质损耗检测技术，变压器油质检测技术，变压器绝缘老化检测技术，变压器局部放电故障检测技术，变压器有载分接开关检测技术，变压器绕组变形检测技术，变压器红外检测技术等，同时说明了变压器故障检测与诊断的部分案例。特别说明了变压器油气相色谱分析诊断基本程序的三个步骤：首先检测特征气体的含量，计算产生气体的速率；其次通过分析得出的气体组分及其含量，进行三比值计算，判断故障的类别；最后纵向审核设备的运行历史，并且通过横向的其他试验进行综合判断。

第3章 电力变压器故障诊断专家系统知识库设计

知识是专家解决问题的基础，人类专家拥有知识的多少决定着其解决问题的能力。同样在专家系统中，知识的多少也决定着专家系统解决问题的能力，而且与知识的质量、知识的形式等有着密切的关系[28]。本章首先对知识进行相关的解释和说明，然后说明专家系统中现有的常见知识表示形式，特别是说明产生式规则的知识表示形式后，结合产生式规则的知识表示，提出用关系数据库记录表示电力变压器故障诊断专家系统的知识表示形式、知识获取途径及知识库一致性检测原理与方法，详细解释关系数据库记录知识表示的数学模型，设计电力变压器故障诊断专家系统知识库结构，给出相关数据表以及主要数据字段说明等。

3.1 概　　述

知识是人类进行一切智能活动的基础，不同学科对知识和知识的表示方法都进行着相应的研究。什么是知识呢？不同学者对知识有不同的说法。

费根鲍姆：知识是经过裁剪、塑造、解释、选择和转换了的信息。

伯恩斯坦：知识是由特定领域的描述、关系和过程组成的。

海因斯-罗斯：知识=事实+信念+启发式。

知识在人类生活中占据着越来越重要的地位，是人们在长期的生活与社会实践、科学研究、实验中积累起来的对客观世界的认识和经验。人们把实践中获得的信息关联在一起就形成了知识。知识反映了客观世界中事物之间的关系，不同事物或者相同事物之间的不同关系就形成了不同的知识。例如，"冬天会刮风"是一条知识，它反映了"冬天"和"风"之间的一种关系。

3.1.1 知识的特性

1. 相对正确性

知识是人们对客观世界认识的结晶，而且是经过长期实践检验的。因此，在一定的条件和环境下，知识一般都是正确的，可信任的。但是，一定要注意，知识是在一定的条件和环境下得出的结晶，当条件或者是环境发生了变化，原来正确的知识就不一定正确了。例如，"饿了就应该吃饭"这条知识在通常条件下是正确的，当条件变了，如对于某些患者来说，"饿了就应该吃饭"就不一定正确。

2. 不确定性

知识是有关信息关联在一起形成的信息结构，"信息"与"关联"是两个关键的要素。由于现实世界的复杂性，信息可能是精确的，也可能是模糊的；关联可能是确定的，也可能是不确定的，这就使得知识有可能不只有"真"和"假"两种状态，而是在"真"和"假"之间存在许多的中间状态，即存在"真"的程度问题。知识的这一特性称为不确定性。

3. 可表示性与可利用性

知识可以用适当的形式（语言文字、图表、声音、神经元网络等）表示出来，这样知识就可以存储和交流传播。人们每天都在利用自己掌握的知识解决各种各样的实际问题，体现了知识的可利用性。

3.1.2　知识表示的分类

知识具有可表示性，只有这样，知识才可以存储和交流传播，才具有现实的意义。不同的知识，或者相同的知识，都有不同的表示方法。知识表示（knowledge representation）方法的分类与知识的分类是不可分割的，常见的知识可以从不同的角度进行划分。人工智能中的知识表示方法注重知识的运用，因此将知识表示方法粗略地分为过程性（procedural）知识表示和陈述性（declarative）知识表示两大类[29]。

1. 过程性知识表示

过程性知识一般是表示如何做的知识，是有关系统变化、问题求解过程的操作、演算和行为的知识。这种知识隐含在程序之中，机器无法从程序的编码中抽取出来。过程性知识表示描述过程性知识，即描述表示控制规则和控制结构的知识，给出一些客观规律，告诉怎样做。过程性知识一般可用算法予以描述，用一段计算机程序来实现。例如，矩阵求逆程序，程序中描述了矩阵的逆和求解方法的知识。

2. 陈述性知识表示

陈述性知识描述系统的状态、环境和条件，以及问题的概念、定义和事实。陈述性知识表示描述这种事实性知识，即描述客观事物所涉及的对象以及对象之间的关系。陈述性知识的表示与知识运用（推理）是分开处理的，这种知识是显示表示。例如：

isa（John,man）

isa（ABC,triangle）→cat（a,b）∧cat（b,c）∧cat（c,a）

前者表示 John 是一个人，后者表示如果 ABC 是一个三角形，则它的三条边 a、b、c 是相连的。

这种知识可以被多个问题利用。其实现方法是数据结构+解释程序，即涉及若干数据结构来表示知识，如谓词公式、语义网和框架等；再编制一个解释程序，使它能利用这些结构来进行推理，而这两点缺一不可。

陈述性表示法易于表示"做什么"。由于在陈述性表示下，知识的表示与知识的推理是分开的，所以这种表示法有如下优点。

（1）易于修改：一个小的修改不会影响全局的改变。

（2）可独立使用：这种知识表示出来后，可用于不同目的。

（3）易扩充性：这种知识模块性好，扩充后对其他模块没有影响。

3.1.3　人工智能对知识表示方法的要求

一种好的知识表示方法要求有较强的表达能力和足够的精细程度。表达能力和精细程度一方面主要从表示能力、可理解性和自然性三方面来考虑。

（1）表示能力要求能够正确、有效地将问题求解所需的各类知识都表示出来；

（2）可理解性是指所表示的知识应易懂、易读、易于表示；

（3）自然性即表示方式要自然，要尽量适用于不同的环境和不同的用途，易于检查、修改和维护。

另一方面从知识利用上讲，衡量知识表示方法可以从以下三方面考虑。

（1）便于获取和表示新知识，并以合适的方式与已有知识连接；

（2）便于搜索，在求解问题时，能够较快地在知识库中找出有关知识，因此，知识库应具有较好的记忆组织结构；

（3）便于推理，要能够从已有知识中推导出需要的答案或结论。

这几个方面都是当代人工智能研究的难点和重点，并形成了人工智能研究的新分支。例如，自动推理就是人工智能中单独研究推理规则与技术的一个方向。目前，关于推理的主要研究方法有演绎推理、归纳推理和类比推理三大类。从推理的形式看，推理可分为单调、非单调、模糊和概率推理等。推理是人工智能中的核心问题之一，它必须从已有知识中找出未知的知识。不同的推理过程，对知识的要求是不同的。即使是同类型的推理，在不同的系统应用中，由于系统规模的差别，系统推理效率要求的差别等，对知识要求也不相同。特别地，对于某些系统可能应用的推理方式不止一种，混合的推理过程对知识的要求可能更高，高出所有推理过程对知识要求的总和。

选择何种知识表示不仅取决于知识的类型，还取决于这种表示形式能否得到广泛的应用，是否适合于推理，是否适合于计算机处理，是否有高效的算法，能否表示不精确的知识，知识和元知识是否能用统一的形式表示，以及是否适于加入启发信息等。

随着人工智能应用领域的不断扩大，人工智能系统中知识的复杂性也不断增加，单一的知识表示方法已不能完全描述复杂的知识，因此混合知识表示为人工智能提供了新的研究课题。

3.1.4　知识系统

知识系统是一类具有专门知识和经验的计算机系统，并通过对人类知识和问题求解过程的建模，采用知识表示和知识推理技术来模拟通常由人类解决的复杂问题。知识系统与一般计算机系统的差别是基于知识的系统以知识库和推理机为核心。知识系统把知识与系统的其他部分分离开，并且知识系统强调的是知识，而不是方法。

建造一个知识系统的过程可以称为"知识工程"。它是把软件工程的思想应用于设计基于知识的系统。知识工程包括以下几个方面。

（1）获取系统所用的知识，即知识获取。

（2）选择合适的知识表示形式，即知识表示。

（3）设计知识库和推理机。

（4）用适当的计算机语言实现系统。

常见的知识系统有专家系统、智能决策支持系统（intelligent decision support system）、计算机辅助诊断系统（computer aided diagnostic system）和自动问答系统（automatic question answering system）等。

知识系统一般使用领域知识来求解特定领域问题。它通常适合于完成那些没有可行解析求解方法、数据不精确、信息不完善、问题求解空间十分巨大、人类专家短缺或专门知识十分昂贵的诊断、解释、监控、预测、规划和设计等任务。知识系统具有以下特点。

（1）启发性。知识系统能够运用专门的知识和经验进行推理、判断和决策，利用启发式信息找到求解问题的捷径，或者在有限资源的约束下找到可行的解，完全突破了人类领域专家的能力。

（2）灵活性。一般知识系统的体系结构都采用知识库与推理机分离的原则，两者之间既有联系，又相互独立。当用户对知识库进行增、删、改等操作时，灵活方便，不会对推理机造成影响。

（3）交互性。知识系统一般采用交互方式进行人机通信。这种交互性既有利于系统获取知识，又便于用户在求解问题时输入条件或事实。

（4）实用性。知识系统是根据具体的应用领域问题而设计开发的，针对性较强，具有良好的实用性，特别是知识系统融合了多个人类领域专家的知识，对某一领域的问题解决要优于任何人工领域专家。

（5）易推广。知识系统使人类专家的领域知识突破了时间和空间的限制，使专家的知识和技能更易于推广和传播。特别是可以保证人工专家知识和技能的长期积累而使知识和技能的推广更加全面、完善和精细。

3.2　知识表示形式

知识体现了专家系统解决问题的能力，是专家系统的核心。专家系统拥有知识的数量和质量是专家系统的性能和求解问题能力的关键因素。建立一个专家系统，首要解决的问题是知识的表示，这也是人工智能领域的一个研究热点。知识表示的恰当与否，直接关系专家系统中将实际经验和知识转换为计算机表示的优劣。知识表示的质量好坏，是专家系统能否推理得出有效结论的关键。知识库用以存放领域专家提供的领域相关的知识，因此知识库的设计是专家系统设计的重要组成部分。为了保证知识的可扩充性、简洁性和清晰性，设计知识库时必须根据领域要求确定适当的知识表示方法。知识库的成功建立，对专家系统能够成功推理得到相应领域专家解决实际问题的能力有着重要的决定意义。

3.2.1　常见知识表示形式

知识表示就是知识的符号化和形式化的过程，也就是设计一种方法，把领域中的实际问题进行转化，在计算机中表示出来。知识的表示和获取是专家系统的关键所在，正确有效的知识表示是一个专家系统成功的标志之一。因此，知识表示和获取问题向来是专家系统知识处理中最热门的研究课题之一。现在专家系统的发展缓慢，原因之一就是知识表示和获取方面没有重大的突破。目前知识的表示方法有很多种，如谓词逻辑表示法、产生式表示法、框架表示法、语义网络表示法、脚本表示法、过程表示法、Petri 网表示法、神经网络表示法、面向对象表示法、XML 表示法等，各种知识表示法都有其各自的优缺点，没有一种知识表示法可以拥有所有知识表示法的优点。

在本专家系统中，根据变压器故障类型和故障诊断需求分析，参考现有的基于产生式规则等知识表示形式，提出一种基于关系数据库记录的知识表示形式。下面将对这种基于产生式规则的知识表示和基于关系数据库记录的知识表示进行比较并详细说明。

3.2.2　谓词逻辑表示法

谓词逻辑表示法[30]是指各种基于形式逻辑（formal logic）的知识表示形式，利用逻辑公式描述对象、性质、状况和关系。例如，"宇宙飞船在轨道上"可以描述成：In（spaceship,orbit）。它是人工智能领域中使用最早和最广泛的知识表示方法之一。其根本目的在于把数学中的逻辑论证符号化，能够采用属性演绎的方法，证明一个新语句是从哪里的已知正确的语句推导出来的，那么也就能够断定这个新语句也是正确的。

在这种表示方法中，知识库可以看成是一组逻辑公式的集合，知识库的修改是增加或删除逻辑公式。使用逻辑法表示知识，需要将以自然语言描述的知识通过引入谓词、函数来加以形式描述，获得有关的逻辑公式，进而以机器内部代码表示。在逻辑法表示下可采用归结法或其他方法进行准确的推理。

谓词逻辑表示法建立在形式逻辑的基础上，具有如下优点。

（1）谓词逻辑表示法对如何由简单说明构造复杂事物的方法有明确、统一的规定，并且有效地分离了知识和处理知识的程序，结构清晰。

（2）谓词逻辑与数据库，特别是与关系数据库有密切的关系。

（3）一阶谓词逻辑具有完备的逻辑推理算法。

（4）逻辑推理可以保证知识库中新旧知识在逻辑上的一致性和演绎所得结论的正确性。

（5）逻辑推理作为一种形式推理方法，不依赖于任何具体领域，具有较大的通用性。

但是，谓词逻辑表示法也存在着以下缺点。

（1）难以表示过程和启发式知识。

（2）缺乏组织原则，使得知识库难以管理。

（3）由于弱证明过程，当事实的数目增大时，在证明过程中可能产生组合爆炸。

（4）表示的内容与推理过程的分离，推理按形式逻辑进行，所包含的大量信息被抛弃，这样使得处理过程加长、工作效率低。

谓词逻辑适合表示事物的状态、属性、概念等事实性的知识，以及事物间确定的因果关系，但是不能表示不确定性的知识，以及推理效率很低。

谓词逻辑表示首先确定谓词，然后用连词连接。

例如，对于下列知识：自然数都是大于零的整数；所有整数不是偶数就是奇数；偶数除以 2 是整数。

（1）谓词定义。

自然数：$N(x)$；

大于零：$GZ(x)$；

整数：$I(x)$；

偶数：$E(x)$；

奇数：$O(x)$；

除以 2：$S(x)$。

（2）连词连接表示。

$(\forall x)(N(x) \rightarrow GZ(x) \wedge I(x))$；

$(\forall x)(I(x) \rightarrow E(x) \vee O(x))$；

$(\forall x)(E(x) \rightarrow I(S(x)))$。

3.2.3　框架表示法

框架表示法是明斯基于 1975 年提出来的，其突出特点是善于表示结构性知识，能够把知识的内部结构关系以及知识之间的特殊关系表示出来，并把与某个实体或实体集的相关特性都集中在一起。框架表示法是一种适应性强、概括性高、结构化良好、推理方式灵活、能把陈述性知识与过程性知识相结合的知识表示方法。

1. 框架的定义

心理学的研究结果表明，在人类日常的思维和理解活动中，当分析和解释遇到新情况时，会使用到过去经验中积累的知识。这些知识规模巨大而且以很好的组织形式保留在人们的记忆中。例如，当人们走进一家从未来过的饭店时，根据以往的经验，可以预见在这家饭店将会看到菜单、桌子、服务员等。当人们走进教室时，可以预见在教室里可以看到讲台、课桌椅子、黑板等。人们试图用以往的经验来分析解释当前所遇到的情况。当然，人们无法把过去的经验一一都存在脑子里，而只能以一个通用的数据结构形式存储以往的经验，这样的数据结构称为框架。框架提供了一个结构、一种组织，在这个结构或组织中，新的资料可以用从过去的经验中得到的概念来分析和解释。因此，框架是一种结构化表示法。

2. 框架的构成

框架通常由描述事物的各个方面的槽组成，每个槽用于描述目标对象某一方面的属性。每个槽可以拥有若干个侧面，侧面用于描述相应属性的一个方面。每个侧面可以拥有若干个值。这些内容可以根据具体问题的具体需要来取舍，一个框架的一般结构如图 3.1 所示。

框架名：×××

框架代码：×××

下层故障结点代码：×××

结点性质：×××

维修措施：×××

图 3.1　故障结点框架结构

　　框架表示法是以框架理论为基础发展起来的一种结构化的知识表示方法，将框架作为一种描述目标对象属性的数据结构，同时也是知识表示的一个基本单位。

　　一个复杂系统的相关知识，一般需要结合多个框架结构。不同的框架通过不同的框架名加以区分，框架内不同的槽和侧面也通过相应的槽名和侧面名加以标识。作为一种结构化的知识表示法，框架表示法在智能诊断方面有其自身的优点。

　　较简单的情景是用框架来表示诸如人和房子等事物。例如，一个人可以用其职业、身高和体重等项描述，因而可以用这些项目组成框架的槽。当描述一个具体的人时，再用这些项目的具体值填入到相应的槽中。图 3.2 给出的是描述李大龙的框架。

```
李大龙
    ISA：人
    职业：程序员
    身高：180cm
    体重：79kg
```

图 3.2　框架表示法示例

　　对于大多数问题，不能这样简单地用一个框架表示出来，必须同时使用许多框架，组成一个框架系统。

3. 框架的特点

1）结构性

　　框架表示法最突出的特点是它善于表达结构性的知识，能够把知识的内容结构关系及知识间的联系表示出来，因此它是一种经组织起来的结构化的知识表示方法。这一特点是产生式表示法所不具备的，产生式系统中的知识单位是产生式规则，各条规则的关系是平级的。这种知识单位由于太小而难以处理复杂问题，也不能把知识间的结构关系显式地表示出来。框架表示法的知识单位是框架，而框架是由槽组成的，槽又可分为若干侧面，也可以理解为各框架之间的关系是分层次的，具有包含关系，相关联的框架可以产生继承关系，这样就可把知识的内部结构显式地表示出来。

2）继承性

　　框架表示法通过使槽值为另一个框架的名字实现框架之间的联系，建立起表示复杂知识的框架网络。在框架网络中，下层框架可以继承上层框架的槽值，也可以进行补充和修改，这样不仅减少了知识的冗余，而且较好地保证了知识的一致性。

3）自然性

框架表示法体现了人们在观察事物时的思维活动，当遇到新事物时，通过从记忆中调用类似事物的框架，并将其中某些细节进行修改、补充与完善，就形成了对新事物的认识，这与人们的认识活动是一致的，更容易被人们接受，也容易使人们记忆存储。

可以总结来说，框架表示法具有以下优点。

（1）框架系统的数据结构和问题求解过程与人类的思维和问题求解过程相似。

（2）框架结构表达能力强，层次结构丰富，提供了有效的组织知识的手段，只要对其中某些细节进行进一步描述，就可以将其扩充为另外一些框架。

（3）可以利用过去获得的知识对未来的情况进行预测，而实际上这种预测非常接近人类的知识规律，因此可以通过框架来认识某一类事物，也可以通过一系列实例来修正框架对某些事物的不完整描述（填充空的框架，修改默认的值等）。

4. 框架的局限性

框架表示法与语义网络表示法存在着以下相似的问题。

（1）缺乏形式理论，没有明确的推理机制保证问题求解的可行性和推理过程的严密性。

（2）由于许多实际情况与原型存在较大的差异，因此适应能力不强。

（3）框架系统中各个子框架的数据结构如果不一致会影响整个系统的清晰性，造成推理的困难。

框架表示法的主要不足之处是不善于表达过程性的知识。因此，它经常与产生式表示法结合起来使用，以取得互补的效果。

5. 框架表示法与产生式表示法比较

与产生式表示法比较，框架表示法建立知识库更容易，其推理机制固定，并与知识库独立，但是其通用性较低，也多应用于简单的问题，主要适合初学者用户，两者的比较如表 3.1 所示。

表 3.1　框架表示法与产生式表示法比较

比较类别	框架表示法	产生式表示法
知识表示单位	框架	规则
推理机制	固定与知识库独立	可变与知识库成一体
建立知识库	容易	困难
通用性	低	高
应用	简单问题	复杂问题
用户	初学者	专家

6. 框架表示法举例

例1 描述"教师"的框架

框架名：<教师>

类属：<知识分子>

工作：范围：（教学，科研）

缺省：教学

性别：（男，女）

学历：（中专，大学）

类别：（<小学教师>，<中学教师>，<大学教师>）

在这个框架中，框架名为"教师"，它含有 5 个槽，槽名分别为"类属"、"工作"、"性别"、"学历"和"类别"。这些槽名后面就是其槽值，而槽值"<知识分子>"又是一个框架名。"范围"、"缺省"是槽"工作"的两个不同侧面，其后是侧面值。

例2 描述"大学教师"的框架

框架名：<大学教师>

类属：<教师>

学位：范围：（学士，硕士，博士）

缺省：博士

专业：<学科专业>

职称：范围：（助教，讲师，副教授，教授）

缺省：讲师

水平：范围：（优，良，中，差）

缺省：良

从上述两例可以看出，这两个框架之间存在一种层次关系，前者为上层框架（或父框架），后者为下层框架（或子框架）。

例3 描述一个具体教师的框架

框架名：<教师-1>

类属：<大学教师>

姓名：张宇

性别：男

年龄：35

职业：<教师>

职称：副教授

部门：网络安全与信息化学院

研究方向：计算机软件

工作：参加工作时间：2000 年 8 月

工龄：当前年份-2000

工资：<工资单>

比较上边几个例子，可以发现"教师-1"是"大学教师"的下层框架，而"大学教师"又是"教师"的下层框架，"教师"又是"知识分子"的下层框架。框架之间的这种层次关系是相对而言的，下层框架可以从上层框架继承某些属性或值。这样，一些相同的信息可以不必要重复存储，节省了存储空间，这种层次结构对减少冗余信息有重要的意义。

3.2.4 语义网络表示法

语义网络[31]是自然语言理解及认知科学领域研究中的一个概念，20 世纪 70 年代初由西蒙（Simon）提出，用来表达复杂的概念及其之间的相互关系。语义网络是一个有向图，其顶点表示概念，而边表示这些概念间的语义关系，从而形成一个由结点和弧组成的语义网络描述图。

语义网络是一种出现比较早的知识表达形式，在人工智能中得到了比较广泛的应用。语义网络最早是 1968 年奎利恩（Quillian）在他的博士学位论文中作为人类联想记忆的一个显式心理学模型提出的。1972 年，西蒙正式提出语义网络的概念，讨论了它和一阶谓词的关系，并将语义网络应用到了自然语言理解的研究中。

语义网络是一种采用网络形式表示人类知识的方法。

一个语义网络是一个带标识的有向图。其中，带有标识的结点表示问题领域中的物体、概念、时间、动作或者态势。在语义网络知识表示中，结点一般划分为实例结点和类结点两种类型。结点之间带有标识的有向弧标识结点之间的语义联系，是语义网络组织知识的关键。

基本命题的语义网络表示是以个体为中心组织知识的语义联系。

1. 实体联系

用于表示类结点与所属实例结点之间的联系，通常标识为 ISA。例如，"张小丽是一名教师"可以表示为图 3.3 所示的语义网络。

图 3.3 ISA 联系的例子

2. 泛化联系

为了表示一种类结点与更抽象的类结点之间的联系，通常用 AKO（a kind of）表示。图 3.4 为一个 AKO 联系的例子。

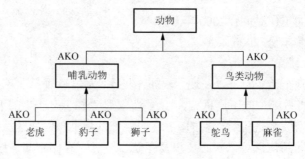

图 3.4　AKO 联系的例子

3. 聚集联系

用于表示某个个体与其组成成分之间的联系，通常用 **Part-of** 表示聚集联系基于概念的分解性，将高层概念分解为若干低层概念的集合。图 3.5 为一个聚集联系的例子。

图 3.5　聚集联系的例子

4. 属性联系

用于表示个体、属性及其取值之间的联系。通常用有向弧表示属性，用这些弧指向的结点表示各自的值。图 3.6 为一个属性联系的例子。

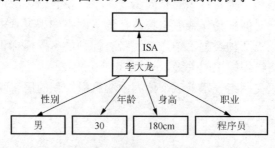

图 3.6　属性联系的例子

3.2.5　神经网络表示法

人工神经网络是一种应用类似于大脑神经突触连接的结构进行信息处理的数学模型，工程与学术界也常将其简称为神经网络或类神经网络。神经网络是一种运算模型，由大量的结点（或称神经元）相互连接构成。每个结点代表一种特定的输出函数，称为激励函数（excitation function）。每两个结点间的连接都代表一个通过该连接信号的加权值，称为权重，这相当于人工神经网络的记忆。网络的输出则依据网络的连接方式、权重值和激励函数的不同而不同。网络自身通常都是对自然界某种算法或者函数的逼近，也可能是对一种逻辑策略的表达。

人工神经网络是由大量处理单元互联组成的非线性、自适应的信息处理系统。它是在现代神经科学研究成果的基础上提出的，试图通过模拟大脑神经网络处理、记忆信息的方式进行信息处理。人工神经网络具有以下 4 个基本特征。

1）非线性

非线性关系是自然界的普遍特性，大脑的智慧就是一种非线性现象。人工神经元处于激活或抑制两种不同的状态，这种行为在数学上表现为一种非线性关系。具有阈值的神经元构成的网络有更好的性能，可以提高容错性和存储容量。

2）非局限性

一个神经网络通常由多个神经元广泛连接而成。一个系统的整体行为不仅取决于单个神经元的特征，而且可能主要由单元之间的相互作用、相互连接所决定。通过单元之间的大量连接模拟大脑的非局限性。联想记忆是非局限性的典型例子。

3）非确定性

人工神经网络具有自适应、自组织、自学习能力。神经网络不但处理的信息可以有各种变化，而且在处理信息的同时，非线性的信息处理系统本身也在不断变化，经常采用迭代过程描写信息处理系统的演化过程。

4）非凸性

一个系统的演化方向，在一定条件下将取决于某个特定的状态函数。例如，能量函数，它的极值相应于系统是比较稳定的状态。非凸性是指这种函数有多个极值，故系统具有多个较稳定的平衡态，这将导致系统演化的多样性。

人工神经网络中，神经元处理单元可表示不同的对象，如特征、字母、概念，或者一些有意义的抽象模式。网络中处理单元的类型分为三类：输入单元、输出单元和隐单元。输入单元接受外部世界的信号与数据；输出单元实现系统处理结果的输出；隐单元是处在输入和输出单元之间，不能由系统外部观察的单元。神经元间的连接权值反映了单元间的连接强度，信息的表示和处理体现在网络处理单元的连接关系中。人工神经网络是一种非程序化、适应性、大脑风格的信息处理模型，其本质是通过网络的变换和动力学行为得到一种并行分布式的信息处理功能，并在不同程度和层次上模仿人脑神经系统的信息处理功能。它是涉及神经科学、思维科学、人工智能、计算机科学等多个领域的交叉学科。

人工神经网络是并行分布式系统，采用了与传统人工智能和信息处理技术完全不同的机理，克服了传统的基于逻辑符号的人工智能在处理直觉、非结构化信息方面的缺陷，具有自适应、自组织和实时学习的特点。

人工神经网络模型主要考虑网络连接的拓扑结构、神经元的特征、学习规则等。目前，已有近 40 种神经网络模型，其中有反传网络、感知器、自组织映射、

Hopfield 网络、玻耳兹曼机、适应谐振理论等。根据连接的拓扑结构，神经网络模型可以分为前向网络和反馈网络。

（1）前向网络。网络中各个神经元接受前一级的输入，并输出到下一级，网络中没有反馈，可以用一个有向无环路图表示。这种网络实现信号从输入空间到输出空间的变换，它的信息处理能力来自于简单非线性函数的多次复合。网络结构简单，易于实现。反传网络是一种典型的前向网络。

（2）反馈网络。网络内神经元间有反馈，可以用一个无向的完备图表示。这种神经网络的信息处理是状态的变换，可以用动力学系统理论处理，系统的稳定性与联想记忆功能有密切关系。Hopfield 网络、玻耳兹曼机均属于这种类型。

人工神经网络的特点和优越性，主要表现在三个方面。

（1）具有自学习功能。例如，实现图像识别时，只要先把许多不同的图像样板和对应的识别结果输入人工神经网络，网络就会通过自学习功能，慢慢学会识别类似的图像。自学习功能对预测有特别重要的意义，预期未来的人工神经网络计算机将为人类提供经济预测、市场预测、效益预测，其具有很远大的应用前途。

（2）具有联想存储功能。用人工神经网络的反馈网络就可以实现这种联想。

（3）具有高速寻找优化解的能力。寻找一个复杂问题的优化解，往往需要很大的计算量，利用一个针对某问题而设计的反馈型人工神经网络，发挥计算机的高速运算能力，可能很快就能找到优化解。

人工神经网络特有的非线性适应性信息处理能力，克服了传统人工智能方法对于直觉，如模式、语音识别和非结构化信息处理方面的缺陷，使之在神经专家系统、模式识别、智能控制、组合优化和预测等领域得到成功的应用。人工神经网络与其他传统方法相结合，将推动人工智能和信息处理技术的不断发展。近年来，人工神经网络在正向模拟人类认知的道路上更加深入发展，与模糊系统、遗传算法、进化机制等结合，形成计算智能，成为人工智能的一个重要方向，将在实际应用中得到发展。将信息几何应用于人工神经网络的研究，为人工神经网络的理论研究开辟了新的途径。神经计算机的研究发展很快，已有产品进入市场。光电结合的神经计算机为人工神经网络的发展提供了良好条件。

神经网络在很多领域已得到了很好的应用，但其需要研究的方面还有很多。其中，具有分布存储、并行处理、自学习、自组织以及非线性映射等优点的神经网络与其他技术的结合，以及由此而来的混合方法和混合系统，已经成为研究热点。因为其他方法也有它们各自的优点，所以将神经网络与其他方法相结合，取长补短，继而可以获得更好的应用效果。目前这方面工作有神经网络与模糊逻辑、专家系统、遗传算法、小波分析、混沌神经网络、粗集理论、分形理论、证据理论和灰色系统等的融合。

下面对神经网络与小波分析、混沌、粗糙集理论、分形理论的结合进行分析。

1）与小波分析的结合

1981 年，法国地质学家 Morlet 在寻求地质数据时，通过对 Fourier 变换、窗口 Fourier 变换的异同、特点及函数构造进行创造性的研究，首次提出了"小波分析"的概念，建立了以他的名字命名的 Morlet 小波。自 1986 年以来由于 Meyer、Mallat 及 Daubechies 等的奠基工作，小波分析迅速发展成为一门新兴学科。Meyer 所著的《小波与算子》、Daubechies 所著的《小波十讲》是小波研究领域最权威的著作。

小波变换是对 Fourier 分析方法的突破。它不但在时域和频域同时都具有良好的局部化性质，而且对低频信号在频域和高频信号在时域都有很好的分辨率，从而可以聚集到对象的任意细节。小波分析相当于一个数学显微镜，具有放大、缩小和平移功能，通过检查不同放大倍数下的变化来研究信号的动态特性。因此，小波分析已成为地球物理、信号处理、图像处理、理论物理等诸多领域的强有力工具。

小波神经网络将小波变换良好的时频局域化特性和神经网络的自学习功能相结合，因而具有较强的逼近能力和容错能力。在结合方法上，可以将小波函数作为基函数构造神经网络形成小波网络，或者将小波变换作为前馈神经网络的输入前置处理工具，即以小波变换的多分辨率特性对过程状态信号进行处理，实现信噪分离，并提取出对加工误差影响最大的状态特性，作为神经网络的输入。

小波神经网络在电机故障诊断、高压电网故障信号处理与保护研究、轴承等机械故障诊断以及其他许多方面都有应用，将小波神经网络用于感应伺服电机的智能控制，使该系统具有良好的跟踪控制性能以及很好的鲁棒性。利用小波包神经网络进行心血管疾病的智能诊断，小波层进行时频域的自适应特征提取，前向神经网络用来进行分类，正确分类率达到94%。

小波神经网络虽然应用于很多方面，但仍存在一些不足。从提取精度和小波变换实时性的要求出发，有必要根据实际情况构造一些适应应用需求的特殊小波基，以便在应用中取得更好的效果。另外，在应用中的实时性要求，也需要结合DSP 的发展，开发专门的处理芯片，从而满足这方面的要求。

2）混沌神经网络

混沌的定义是 20 世纪 70 年代被 Li-Yorke 第一次提出。由于它具有广泛的应用价值，自出现以来就受到各方面的关注。混沌是一种确定的系统中出现的无规则的运动，混沌是存在于非线性系统中的一种较为普遍的现象，混沌运动具有遍历性、随机性等特点，能在一定的范围内按其自身规律不重复地遍历所有状态。混沌理论所决定的是非线性动力学混沌，目的是揭示类似随机的现象背后可能隐藏的简单规律，以求发现一大类复杂问题普遍遵循的共同规律。

1990 年，KAihara、TTakabe 和 Toyoda 等根据生物神经元的混沌特性首次提出混沌神经网络模型，将混沌学引入神经网络中，使得人工神经网络具有混沌行为，更加接近实际的人脑神经网络，因而混沌神经网络被认为是可实现其真实世界计算的智能信息处理系统之一，成为神经网络的主要研究方向之一。

与常规的离散型 Hopfield 神经网络相比较，混沌神经网络具有更丰富的非线性动力学特性，主要表现如下：在神经网络中引入混沌动力学行为；混沌神经网络的同步特性；混沌神经网络的吸引子。

在神经网络实际应用中，网络输入发生较大变异时，应用网络的固有容错能力往往感到不足，经常会发生失忆现象。混沌神经网络动态记忆属于确定性动力学运动，记忆发生在混沌吸引子的轨迹上，通过不断地运动（回忆过程），联想到记忆模式，特别对于那些状态空间分布的较接近或者发生部分重叠的记忆模式，混沌神经网络总能通过动态联想记忆加以重现和辨识，而不发生混淆，这是混沌神经网络所特有的性能，它将大大改善 Hopfield 神经网络的记忆能力。混沌吸引子的吸引域的存在，形成了混沌神经网络固有的容错功能。这将对复杂的模式识别、图像处理等工程应用发挥重要作用。

混沌神经网络受到关注的另一个原因是混沌存在于生物体真实神经元及神经网络中，并且起到一定的作用，动物学的电生理实验已证实了这一点。

混沌神经网络由于其复杂的动力学特性，在动态联想记忆、系统优化、信息处理、人工智能等领域受到人们极大的关注。为了更好地应用混沌神经网络的动力学特性，并对其存在的混沌现象进行有效的控制，仍需要对混沌神经网络的结构进行进一步的改进和调整，以及对混沌神经网络算法进行进一步研究。

3）与粗糙集理论的结合

粗糙集（rough set）理论[32]是 1982 年由波兰华沙理工大学教授 Pawlak 首先提出的，它是一个分析数据的数学理论，是用来研究不完整数据，对不精确知识的表达、学习、归纳等的方法。粗糙集理论是一种新的处理模糊和不确定性知识的数学工具，其主要思想就是在保持分类能力不变的前提下，通过知识约简，导出问题的决策或分类规则。目前，粗糙集理论已被成功应用于机器学习、决策分析、过程控制、模式识别与数据挖掘等领域。

粗糙集理论和神经网络的共同点是都能在自然环境下很好的工作，但是，粗糙集理论模拟人类的抽象逻辑思维，而神经网络模拟形象直觉思维，因而两者又具有不同的特点。粗糙集理论以各种更接近人们对事物的描述方式的定性、定量或者混合性信息为输入，输入空间与输出空间的映射关系通过简单的决策表简化得到，它考虑知识表达中不同属性的重要性，确定哪些知识是冗余的，哪些知识是有用的。神经网络则是利用非线性映射的思想和并行处理的方法，用神经网络本身结构表达输入与输出关联知识的隐函数编码。

在粗糙集理论和神经网络处理信息中，两者存在两个很大的区别。其一是神经网络处理信息一般不能将输入信息空间维数简化，当输入信息空间维数较大时，网络不仅结构复杂，而且训练时间也很长；而粗糙集理论却能通过发现数据间的关系，不仅可以去掉冗余输入信息，而且可以简化输入信息的表达空间维数。其二是粗糙集理论在实际问题的处理中对噪声较敏感，因而用无噪声的训练样本学习推理的结果在有噪声的环境中应用效果不佳。而神经网络方法有较好的抑制噪声干扰的能力。

因此，将两者结合起来，用粗糙集理论先对信息进行预处理，即把粗糙集网络作为前置系统，再根据粗糙集理论预处理后的信息结构，构成神经网络信息处理系统。通过两者的结合，不但可减少信息表达的属性数量，减小神经网络构成系统的复杂性，而且具有较强的容错及抗干扰能力，为处理不确定、不完整信息提供了一条强有力的途径。

目前粗糙集理论与神经网络的结合已应用于语音识别、专家系统、数据挖掘、故障诊断等领域，可用于声源位置的自动识别等，将粗糙集理论和神经网络用于专家系统的知识获取，取得了比传统专家系统更好的效果，其中粗糙集理论进行不确定和不精确数据的处理，神经网络进行分类工作。

虽然粗糙集理论与神经网络的结合已应用于许多领域的研究，但是为使这一方法发挥更大的作用还需考虑如下问题：模拟人类抽象逻辑思维的粗糙集理论和模拟形象直觉思维的神经网络如何更加有效地结合；两者集成的软件和硬件平台的开发，如何提高其实用性。

4）与分形理论的结合

自从美国哈佛大学数学系教授 Mandelbrot 于 20 世纪 70 年代中期引入分形这一概念，分形几何学（fractal geometry）已经发展成为科学的方法论——分形理论，且被誉为开创了 20 世纪数学的重要阶段。现已被广泛应用于自然科学和社会科学的几乎所有领域，成为现今国际上许多学科的前沿研究课题之一。

由于分形理论在许多学科中的迅速发展，已成为一门描述自然界中许多不规则事物的规律性的学科。它已被广泛应用在生物学、地球地理学、天文学、计算机图形学等领域。

用分形理论来解释自然界中不规则、不稳定和具有高度复杂结构的现象，可以得到显著的效果，而将神经网络与分形理论相结合，充分利用神经网络非线性映射、计算能力、自适应等优点，可以取得更好的效果。

分形神经网络的应用领域有图像识别、图像编码、图像压缩，以及机械设备系统的故障诊断等。分形图像压缩/解压缩方法有高压缩率和低遗失率的优点，但运算能力不强，由于神经网络具有并行运算的特点，将神经网络用于分形图像压缩/解压缩中，提高了原有方法的运算能力。例如，将神经网络与分形理论相结合用于果实形状的识别，首先利用分形理论得到几种水果轮廓数据的不规则性，然后利用 3 层神经网络对这些数据进行辨识，继而对其不规则性进行评价。

分形神经网络已得到了许多应用，但仍有些问题值得进一步研究：分形维数的物理意义；分形的计算机仿真和实际应用研究。随着研究的不断深入，分形神经网络必将得到不断地完善，并取得更好的应用效果。

3.2.6　产生式知识表示形式

产生式知识表示形式是常用的知识表示形式之一。它依据人类大脑记忆模式中的各种知识之间存在的大量因果关系，并以"IF-THEN"的形式，即产生式规则（production rules）表示出来。这种形式的规则捕获了人类求解问题的行为特征，并通过认识-行动的循环过程求解问题。

"产生式"由美国数学家波斯特（Post）在 1934 年首次提出，它根据串替换规则提出了一种称为波斯特机的计算模型，模型中的每条规则称为产生式。

1972 年，纽厄尔和西蒙在研究人类的认知模型中开发了基于规则的产生式系统，目前，产生式知识表示法已经成了人工智能中应用最多的一种知识表示模式，尤其在专家系统方面，许多成功的专家系统都是采用产生式知识表示方法。产生式的基本形式是 $P{\rightarrow}Q$ 或者 IF P THEN Q，P 是产生式的前提，也称为前件，它给出了该产生式可否使用的先决条件，由事实的逻辑组合来构成；Q 是一组结论或操作，也称为产生式的后件，它指出当前提 P 满足时，应该推出的结论或应该执行的动作。产生式的含义是如果前提 P 满足，则可推出结论 Q 或执行 Q 所规定的操作。

产生式规则常用于表示具有因果关系的知识，其基本形式是

$$\text{IF}\qquad P\qquad \text{THEN}\qquad Q$$

其中，P 代表一组前提或状态，Q 代表若干结论或动作，其含义是如果前提 P 得以满足，即为"真"，则可得出结论 Q 或 Q 所规定的动作[33]。

产生式规则可用以下公式表示

$$R_k : \mathop{\text{OR}}\limits_{i=1}^{n}(\mathop{\text{AND}}\limits_{j=1}^{m} E_{ijk}) \rightarrow C_k \tag{3.1}$$

其中，$m,n>1$，$k=1,2,\cdots,r$；R_k 表示第 k 条规则；C_k 表示第 k 条规则的结论；E_{ijk} 表示第 k 条规则的前提。整个公式含义为多个前提可以并列，或者关系推出相应结论。

在产生式规则中，存在前提的复用和结论与前提关联的情况，即

$$E_{ijk}=E_{1mn} \qquad (i \neq 1) \tag{3.2}$$

当 $k=n$ 时，也可以满足：

$$E_{ijk}=C_m \qquad (k \neq m) \tag{3.3}$$

产生式规则表示法具有下列非常明显的优点。

（1）自然性好。产生式表示用"IF-THEN"的形式表示知识，这种表示与人类的判断性知识基本一致，直观、自然、便于推理。

（2）除了对系统的总体结构、各部分互相作用的方式及规则的表示形式有明确规定以外，对系统的其他实现细节都没有具体规定，这使设计者在开发实用系统时具有较大的灵活性，可以根据需求采用适当的实现技术，特别是可以把对求解问题有意义的各种启发式知识引入到系统中。

（3）表示的格式固定，形式单一，规则间相互独立，整个过程只是前件匹配，后件动作。匹配提供的信息只有成功与失败，匹配一般无递归，没有复杂的计算，

因此系统容易建立。

（4）由于规则库中的知识具有相同的格式，并且全局数据库可以被所有的规则访问，因此规则可以被统一处理。

（5）模块性好。产生式规则是规则中最基本的知识单元，各规则之间只能通过全局数据量发生联系，不能互相调用，增加了规则的模块性，有利于对知识的增加、删除和修改。

（6）产生式表示法既可以表示确定的知识单元，又可以表示不确定性知识；既有利于表示启发式知识，又可以方便地表示过程性知识；既可以表示领域知识，又可以表示元知识。

但是，产生式规则表示法也存在下列缺点[34]。

（1）推理效率低下。由于规则库中的知识都有统一格式，并且规则之间的联系必须以全局数据库为媒介，推理过程是一种反复进行的"匹配—冲突消除—执行"的过程。而且在每个推理周期，都要不断地对全部规则的条件部分进行搜索和模式匹配，从原理上讲，这种做法必然会降低推理效率，而且随着规模数量的增加，效率低的缺点会越来越突出，甚至会出现组合爆炸问题。

（2）不直观。数据库中存放的是一条条相互独立的规则，相互之间的关系很难通过直观的方式查看。

（3）缺乏灵活性，不能表达具有结构性的知识。产生式适合于表达具有因果关系的过程性知识，但由于产生式表达的知识有一定的格式，规则之间不能直接调用，对具有结构关系的知识却无能为力，因此较难表示那些具有结构关系或层次关系的知识，不能把具有结构关系的事物之间的结构联系表达出来，也不能提供灵活的解释。因此，产生式除了可以独立作为一种知识表示模式外，还常与其他可表示知识的结构关系的表示法结合起来。

产生式表示形式是目前专家系统首选的知识表示方法。用于化工工业测定分子结构的 DENDRAL 系统，用于诊断脑膜炎和血液病毒感染的 MYCIN 系统，以及用于估计矿藏的 PROSPECTOR 系统等，都是用这种产生式表示形式进行知识表示和推理的专家系统的例子。

3.2.7　关系数据库记录的知识表示形式

产生式规则表示形式是目前专家系统中应用较多的知识表示形式，其有优点也有缺点。结合产生式规则的特点，利用目前成熟的关系数据库技术，以提高推理效率为目的，现在提出应用关系数据库记录的形式表示知识。

1. 关系数据库

数据模型[35]是人们运用数学方法描述数据库技术所研究的对象，即客观事物

（如人、物、工作、效果和概念等）以及反映这些客观事物之间相互联系的数据。

数据库中的数据是结构化的，是按某种数据模型来组织的。当前常用的数据模型有三类：层次模型、网状模型和关系模型。它们之间的根本区别在于数据之间联系的表示方式不同：层次模型用树型结构表示数据之间的联系；网状模型用图形结构表示数据之间的联系；关系模型用二维表表示数据之间的联系。

1）层次模型

层次模型是较早用于数据库技术的一种数据模型，它将数据元素分为若干层，最高层只有一个元素，称为根。上一层与下一层发生关系，下一层只与再下一层发生关系，它是一个定向的有序树，表示了一对多的联系，如家谱或行政隶属等各数据元素之间的关系都可以用这种层次模型来表示。在层次模型中，根结点处在最上层，其他结点都有上一级结点作为其双亲结点，这些结点称为双亲结点的子结点。同一双亲结点的子结点称为兄弟结点，没有子结点的结点称为叶结点，双亲结点与子结点之间具有实体间一对多的联系。这里还要区分两个概念，即模型和模型的值。模型是对实体型及实体型之间联系的描述；模型的值就是一个实例。图 3.7 为大学行政机构的层次模型，图 3.8 为一个层次模型的实例。

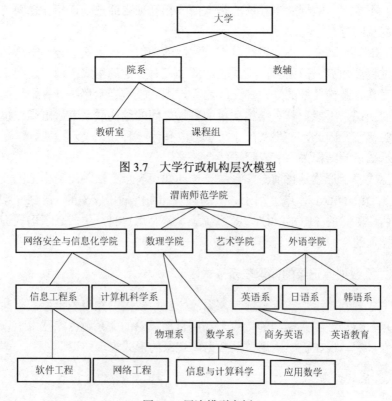

图 3.7　大学行政机构层次模型

图 3.8　层次模型实例

层次模型的基本结构是树形结构，具有以下特点：①每棵树有且仅有一个无双亲结点，称为根；②树中除根外所有结点有且仅有一个双亲。

2）网状模型

在描述现实世界时，层次结构往往比较简单、直观而且易于理解，但对于更复杂的实体间的联系就很难描述了。因此，引入网状模型[36]。对于层次数据模型中的任意一个基本层次互相连通的集合，就是一个网状数据模型。它能表示多对多的联系，数据之间不分层次，每个数据元素都和任意一个或多个其他数据元素相连接形成网络，如城市交通线路等，图 3.9 所示交通线路图就是一个网状模型实例。从图论的角度来看，网状模型是一个不加任何条件限制的无向图[37]。

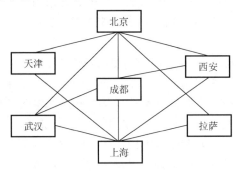

图 3.9　网状模型实例

在网状模型中，一个结点可以有多个双亲，也可以有一个以上的结点没有双亲。结点之间的联系是任意的，这样更适合描述客观世界。

3）关系模型

关系模型是由若干行、若干列构成的二维表（表格）的结构。其中，每一列为一个数据项，是数据库文件中的最基本单位，表示实体的一个属性，称为字段。每一列给定一个名称，称为字段名。每一行通过各个属性表示一个完整的实体，称为元组或记录，如表 3.2 所示。在二维表格中，第一行标明了各字段的名称，表明该关系中实体所具有的属性，体现了二维表格的结构。除了第一行外的其他任一行的数据就是一个元组（表 3.2 中第二行开始）。关系模型是使用最广泛的数据模型，目前大多数数据库系统都是关系模型。

表 3.2　关系模型

编号	姓名	性别	出生年月	工资/元	职称	学历	所属院系
T001	蒋××	男	1950-7-5	2350.00	教授	硕士	中文系
T002	李××	男	1968-4-8	1568.00	讲师	博士	经济学院
T003	孔××	女	1955-5-4	2100.00	副教授	本科	中文系
T004	戴××	女	1970-5-3	1368.00	助教	硕士	数学系
T005	杜××	男	1970-4-9	1759.00	讲师	本科	中文系

编号	姓名	性别	出生年月	工资/元	职称	学历	所属院系
T006	王××	女	1975-5-6	2300.00	副教授	博士	计算机系
T007	王××	男	1965-4-25	1566.00	副教授	硕士	计算机系
…	…	…	…	…	…	…	…

关系模型是用二维表格结构来表示实体与实体之间联系的数据模型，表 3.2 是一张教师基本情况表，每个教师实体之间是关系模型。

关系模型是建立在关系代数基础上的，因而具有坚实的理论基础，与层次模型和网状模型相比，具有数据结构单一、理论严密、使用方便、易学易用的特点。因此，目前大多数数据库管理系统的数据模型都是采用关系模型，关系模型成为数据库应用的主流，如 Access 就是一种关系型的数据库管理系统。

关系模型具有下列特点。

（1）关系模型的概念单一。无论是实体还是实体之间的联系都用关系来表示。关系之间的联系通过相容的属性来表示，相容的属性是指来自同一取值范围的属性。在关系模型中，用户看到的数据的逻辑结构是二维表，而在非关系模型中，用户看到的数据结构是由记录与记录之间的联系构成的层次结构或网状结构。当应用环境很复杂时，关系模型就体现出其简单清晰的特点。

（2）关系必须是规范化的关系。最基本的一个规范化条件就是每一个分量都是一个不可再分的数据项。有关关系的规范化，本节后面介绍说明。

（3）在关系模型中，用户对数据的检索操作就是从原来的表中得到一张新表。

由于关系模型概念简单、清晰，用户易懂易用，有严格的数学基础以及在此基础上发展的数据理论，简化了程序员的工作和数据库开发建立的工作，因而关系模型自诞生之日起便迅速发展成熟起来，成为深受用户欢迎的数据模型。

下面简单介绍关系数据模型的基本概念。

关系：一个关系就是一张二维表，每个关系有一个关系名，如 Access 中的数据表。

关系模式：对关系的描述称为关系模式，如表 3.2 的关系被描述为教师基本情况（编号，姓名，性别，出生年月，工资，职称，学历，所属院系）。

属性：表中的列称为属性，每一列有一个属性名，且属性名唯一，对应 Access 中的字段。

关键字：关系中一个属性或多个属性的组合，其值能够唯一地标识一个元组。

主关键字：在一个关系中可以有多个关键字，从中选择一个与其他关系建立联系，称为主关键字，在 Access 中称为主键。

外关键字：关系中的属性或属性组，并非该关系的关键字，但它是另一个关系的关键字，称其为该关系的外关键字。

数据项：数据项也称为分量，是数据库中可以命名的最小逻辑数据单位，指某个元组对应列的属性值，用来描述属性的数据。

元组：二维表中的一行，对应 Access 中的记录，指的是关系中的一行数据，用它描述实体，它是数据项的有序集，即一个记录是由若干个数据项组成。

索引：为了加快数据库的访问速度所建立的一个独立的文件或表格。

不是所有的二维表都能称为关系。一个二维表要称为关系或合理的关系，还应满足一定的限制，即关系要规范化。关系规范化是指关系模型中的每一个关系模式都必须满足一定的要求，这些要求可分为最基本要求和高级要求两大类。满足最基本要求的二维表才能称为关系，有三个最基本的要求。

第 1 个基本要求是属性不可再分或多值。关系中的每个属性都必须是不可再分的数据单元且属性不得多值，即通常人们讲的表中不能再含表，属性值仅一个。这称为关系的一级范式（first normal form，1NF）。通常表示为 $R \in 1NF$。如表 3.3 所示，由于在成绩数据项中，又包含了四个"子数据项"，因此不是一个关系。

表 3.3　具有组合数据项的非规范化表

学号	姓名	成绩			
		语文	数学	物理	化学
001	刘××	78	95	89	90
002	李××	89	90	67	78
003	孙××	93	89	91	62
...	...	...	...	...	...

如表 3.4 所示，由于在学历数据项中，孙××的学历及毕业年份中包含了两栏数据，属于属性多值，因此也不是一个关系。

表 3.4　具有多值数据项的非规范化表

编号	姓名	性别	职称	学历	毕业年份
T007	黄××	男	副教授	硕士	1990
T008	葛××	男	讲师	本科	1992
T009	孙××	女	副教授	大学	1990
				研究生	1996
...	...	...	...	...	...

第 2 个基本要求是属性不得同名。同一关系中不能有相同的属性名出现，但属性的左右位置可以任意。

第 3 个基本要求是元组不得完全相同。同一关系中不允许有完全相同的两个元组，但元组的先后次序可以任意。

需要说明的是，符合最基本要求的关系并不是好关系，它存在着冗余大、插入异常、删除异常、修改异常等风险，因此实际应用中经常对关系增加更高级的要求。

关系数据库的规范化理论认为，关系数据库中的每个关系都要满足一定的规范。根据满足规范的条件不同，可以将规范分为六个等级：第一范式（1NF）、第二范式（2NF）、第三范式（3NF）、BC 范式（BCNF）、第四范式（4NF）、第五范式（5NF），一般情况下，只要把数据规范到第三范式标准就可以满足需要了。

第一范式：在一个关系中消除重复字段，且各字段都是最小的逻辑存储单位，即满足最基本要求的关系。

第二范式：关系模型属于第一范式，关系中每一个非主关键字段都完全依赖于主关键字段，不能只部分依赖于主关键字段的一部分。

第三范式：关系模型属于第二范式，任何字段不能由其他字段派生出来，它要求字段没有冗余，即要求去除传递依赖。

并不是规范越高越好，如满足第三范式的关系数据中没有冗余。但是，没有冗余的数据库未必是最好的数据库，有时为了提高运行效率，就必须降低范式标准，适当保留冗余数据。

为保证关系数据库中数据的正确性与一致性，必须通过关系模型的完整性规则约束关系。关系模型的完整性规则共有 3 类：实体完整性、参照完整性和用户定义完整性。

（1）实体完整性。若属性 A 是基本关系 R 的主关键字，则属性 A 不能取空值。

（2）参照完整性。有关关系之间能否正确进行联系的规则，两个表能否正确进行联系外关键字是关键。

（3）用户定义完整性。实体完整性和参照完整性用于任何关系数据库。用户定义的完整性则是针对某一具体数据库的约束条件，由应用环境决定，它反映了某一具体应用所涉及的数据必须满足的语义要求。例如，成绩的取值用户会定义在 0～100。关系模型应用提供定义和检索这类完整性机制，以便用统一的方法处理它们，而不要由应用程序承担这一功能。在实际系统中，这类完整性规则一般在建立库表的同时进行定义，应用程序编写人员不需考虑。

关系数据库系统的特点之一是它建立在数据理论的基础之上。在对数据库进行查询时，人们总是希望尽快找到所需要的数据，这就需要对关系进行一定的运算。有很多数据理论可以表示关系模型的数据操作，其中最为著名的是关系代数与关系演算，已经证明两者在功能上是等价的。关系的基本运算分为两类，一类是基于传统的集合运算的关系运算；另一类是专门的关系运算。

关系模型的基本操作如下所示。

关系是由若干个不同的元组组成，n 元关系是一个 n 元有序组的集合。设有一个 n 元关系 R，它有 n 个域，分别是 D_1，D_2，…，D_n，此时它们的笛卡儿积是

$$D_1 \times D_2 \times \cdots \times D_n$$

该集合的每个元素都具有如下形式的 n 元有序组：

$$(d_1, d_2, \cdots, d_n), d_i \in D_i \ (i=1, 2, \cdots, n)$$

该集合与 n 元关系 R 有如下联系：

$$R \subseteq D_1 \times D_2 \times \cdots \times D_n$$

即 n 元关系 R 是 n 元有序组的集合，是它的域的笛卡儿积的子集。

关系模型有插入、删除、修改和查询四种操作，它们又可以进一步分解成以下 6 种基本操作。

（1）关系的属性指定。指定一个关系内的基本属性，用它确定关系这个二维表中的列，主要用于检索和定位。

（2）关系的元组选择。用一个逻辑表达式给出关系中所满足此表达式的元组，用它确定关系这个二维表的行，主要用于检索和定位。

（3）两个关系的合并。将两个关系合并成一个关系，用此操作可以不断合并关系从而可以将若干个关系合并成一个关系，以建立多个关系间的检索与定位。

用上述三个操作可以进行多个关系的定位。

（4）关系的查询。在一个关系或多个关系间查询，查询的结果也为关系。

（5）关系元组的插入。在关系中添加一些元组，用它完成插入与修改。

（6）关系元组的删除。在关系中删除一些元组，用它完成删除与修改。

关系模型的基本运算如下所示。

由于操作是对关系的运算，而关系是有序组的集合，因此可以将操作看成是集合的运算。

1）插入

设有关系 R，需要插入若干元组，若要插入的元组组成的关系为 R'，则插入可用集合并运算表示为

$$R \cup R'$$

2）删除

设有关系 R，需要删除一些元组，若要删除的元组组成的关系为 R'，则删除可用集合差运算表示为

$$R - R'$$

3）修改

修改关系 R 内的元组内容可用下面的方法完成。

（1）设需要修改的元组组成关系为 R'，则先做删除得 $R - R'$。

（2）设修改后的元组组成关系为 R''，此时将其插入即得 $(R - R') \cup R''$。

4）查询

查询是从一个或多个关系中检索出需要的数据信息，查询的结果也以关系的形式表现。用于查询的三个操作无法用传统的集合运算表示，需要引入新的运算。

（1）选择运算。从一个关系 R 中选出满足给定条件的元组的操作称为选择。选择是从行的角度进行的运算，选出满足给定条件的那些元组构成原关系 R 的一个子集 R'，关系 R' 的字段和原关系 R 的相同，但行数通常减少。设给定的逻辑条件为 F，则 R 满足 F 的选择运算可表示成：

$$\sigma_F(R)$$

逻辑条件 F 是一个逻辑表达式，它具有 $\alpha\ \theta\ \beta$ 的形式，其中 α 和 β 是域（变量）或常量，θ 是比较运算符，可以是 >、<、≤、≥、=、≠。$\alpha\ \theta\ \beta$ 称为基本逻辑条件，由若干个基本逻辑条件经逻辑运算 ∧（并）、∨（或）、～（非）可构成复合逻辑条件。

（2）投影运算。从一个关系 R 中选出若干指定字段的值的操作称为投影。投影是从列的角度进行的运算，所得到的关系 R' 字段个数通常比原关系 R 的字段少，或字段的排列顺序不同，而行数和原关系 R 相同。R' 是这样一个关系，它是 R 中投影运算所指出的那些域的列所组成的关系。设 R 有 n 个域：A_1，A_2，…，A_n，则在 R 上对域 A_{i1}，A_{i2}，…，A_{im}（$A_{ij}\in\{A_1$，A_2，…，$A_n\}$）的投影可表示为下面的一元运算：

$$\Pi_{A_{i1},A_{i2},\ldots,A_{im}}(R)$$

有了以上两个运算后，可以找到一个关系内的任意行、列的数据。

（3）笛卡儿积运算。对于两个关系的合并操作可以用笛卡儿积表示。设有 n 元关系 R 及 m 元关系 S，它们分别有 p、q 个元组，则关系 R 与 S 的笛卡儿积记为 $R\times S$，该关系是一个 $n+m$ 元关系，元组个数是 p 与 q 的乘积，由 R 与 S 的有序组组合而成。

通常由笛卡儿积得到的关系中有些元组无意义，需要通过选择运算剔除无意义的元组，也可以再进行投影运算去掉一些字段。

关系代数中除了上述几个最基本的运算外，为操纵方便还增添了一些扩充运算，这些扩充运算均可由基本运算导出。常用的扩充运算有交、除、连接及自然连接等。

关系 R 与关系 S 的交运算结果是由那些既在 R 中，又在 S 中的元组组成的，表示为 $R\cap S$。进行交运算的两个关系要求有相同的属性名。交运算可由基本运算导出：$R\cap S=R-(R-S)$。

关系的除运算是笛卡儿积的逆运算，当 $T=R\times S$ 时，$T\div R=S$ 或 $T/R=S$。由于除采用逆运算，因此除运算的执行需要满足一定的条件。设有关系 T、R，T 能被 R 除的充分必要条件是 T 中的域包含 R 中的所有域；T 中有一些域不在 R 中出现。

关系的连接运算又可称为 θ 连接运算，这是一种二元运算，通过它可以将两个关系合并成一个大的关系。设有关系 R 和关系 S 以及比较式 $i\theta j$，其中 i 为 R 中的域，j 为 S 中的域，θ 的含义和选择运算中 θ 的含义相同，则可以将 R、S 在域 i、j 上的连接记为

$$R \underset{i\theta j}{|\times|} S$$

它的含义可表示为

$$R \underset{i\theta j}{|\times|} S = \sigma_{i\theta j}(R \times S)$$

即 R 与 S 的 θ 连接是由 R 与 S 的笛卡儿积中满足条件限制 $i\theta j$ 的元组构成的关系，一般其元组的数目远少于 $R \times S$ 的数目。应当注意的是，在 θ 连接中，i 与 j 需要具有相同的域，否则无法做比较。

当 θ 连接运算满足下面两个条件时就称为自然连接：

（1）两关系间有公共域。

（2）通过公共域的相等值进行连接（即 θ 为 "="）。

关系 R 与关系 S 的自然连接可记为

$$R |\times| S$$

关系的扩充运算在此只做简单介绍，有兴趣的读者可以查阅相关资料了解详细内容。

2. 关系数据库记录的知识表示形式

产生式规则主要用于表示有因果关系的知识，即如果有 P 前提，则有 Q 结论。现在根据故障诊断过程的实际情况，应该先知道故障现象，然后从故障现象开始判断产生该故障现象的原因，也就是有了结论 Q，判断是什么前提 P 产生的。既然如此，将所有的故障现象和对应故障原因构造成一个二维表格，即关系型数据库表，一部分字段表示结论（故障现象），另一部分字段表示产生该结论的直接前提（直接原因），同一条记录表示直接相关的一组结论和前提。这样存储知识，就提出了应用关系数据库记录表示知识的形式[38]。这种表示方法，从结论查找前提或从前提查找结论都非常容易，方便推理机的使用。

由于结论 Q 和前提 P 都可能是多个事实或动作，即 Q 和 P 都可能代表一组结论和前提事实，而且在知识表示中，P 是 Q 的直接前提。因此，此处知识表示含义是一组前提 P 中的所有事实或动作都发生时，才能得到一组相应的结论 Q。当 P 中事实或动作有一部分发生就导致结论 Q 时，就将 P 分解，用多条记录来表示相关知识，即满足：

$$\begin{aligned} P_i &= \{p_{i1},\ p_{i2},\ \cdots,\ p_{in}\} \\ p_{i1} &\wedge p_{i2} \wedge \cdots \wedge p_{in} \rightarrow Q_i \end{aligned} \tag{3.4}$$

这样，当有结论 Q_i 时，可以肯定前提 P_i 中的所有事实或动作都发生了。此处将 P_i 看作一个整体。（关系式（3.4）表示故障现象 Q_i 的直接原因为 P_i，下同含义。）

在故障诊断中，存在同一故障现象可能是由不同的原因产生的，即一果多因，也就是同一个结论也可能由不同前提导致，即还可能有

$$P_j = \{ p_{j1},\ p_{j2},\ \cdots,\ p_{jm} \},\ p_{j1} \vee p_{j2} \vee \cdots \vee p_{jm} \rightarrow Q_i \tag{3.5}$$

也就是结论 Q_i 可能由前提 p_{j1} 导致，也可能由前提 p_{j2} 导致，或者由前提 p_{jm} 导致。由于在本书中推理采用归约的方式，即从现象找原因，对于同一个故障现象，可以找到多个原因。因此，增加一个概率字段，通过概率字段体现的是哪一组前提中的事实或动作发生了，才导致该结论产生。各组前提中的事实或动作发生的概率是多少，分别由对应元组概率字段值体现。当结论相同时，对应所有前提的概率字段值之和应该小于等于 1，等于 1 表示再没有任何其他直接前提可以导致这个结论。

例如，有 $P_1 \rightarrow Q_1$，$P_2 \rightarrow Q_1$，即从故障现象 Q_1 找对应原因，这样可以找到 P_1 和 P_2，为了区分这种情况，把 $P_1 \rightarrow Q_1$，$P_2 \rightarrow Q_1$ 分别用不同的记录来表示，并添加一个概率字段，表示该原因导致该故障现象的概率，如表 3.5 所示。表示对应故障现象 Q_1，故障原因 P_1 的概率为 x_1，故障原因 P_2 的概率为 x_2，x_1 与 x_2 的和不大于 1。

表 3.5　数据库元组知识表示形式

序号	结论	前提	概率
1	Q_1	P_1	x_1
2	Q_1	P_2	x_2
...	...	...	...
n	Q_m	P_m	x_m
$n+1$	Q_m	P_{m+1}	x_{m+1}
...	...	...	...

同样也存在一因多果的情况，即一个故障原因可以导致多个故障现象发生。对于这种情况，用多条记录表示知识。由于推理采用归约的方式，从一个故障现象搜索故障原因时，这种一因多果的情况是不存在推理冲突的，故不需要额外增加信息，实际是将相同的原因当做不同来处理了。

3.2.8　关系数据库记录知识表示的优点和缺点

关系数据库记录[39]知识表示法有其内在优势：简单直观，领域专家经常可以起到知识工程师的作用，直接把其知识编码填写进数据库，可以减少在知识翻译过程中发生错误的可能性。

关系数据库记录知识表示方式具有以下优点。

（1）模块性。关系数据库记录字段是知识库中最基本的知识单元，各知识单元之间互相独立，从而增加了知识的模块性，有利于知识的增加、删除、修改和扩充。

（2）方便性。关系数据库记录知识表示最终将知识表示成数据库中的记录，推理应用时直接从数据库中搜索查询，也就是推理实际是应用数据库技术进行各种组合查询及相关的操作。由于关系数据库技术目前比较成熟，应用关系数据库技术进行推理非常方便。

（3）一致性。关系数据库记录知识库中所有的知识都具有相同的格式，因此知识库中的知识可以统一处理（本故障诊断专家系统中除系统知识库外，还设计完全故障现象与原因对应表和最终故障现象与原因对应表，这两个表的结构都与系统知识库表的结构相同。）。

关系数据库记录知识表示主要有以下缺点。

（1）效率较低。在关系数据库记录知识表示中，推理过程实际是一个归约过程。在数据库中根据结论搜索前提时可能找到多组前提，而再继续搜索查找前提的前提，即继续归约时，将得到更多组前提，这样在推理过程中又要根据其他结论或事实排除一些前提，因此当相同结论 Q 有多组前提 P 时，关系数据库记录知识表示可能导致推理过程效率不高。

（2）占用空间较大。在关系数据库记录知识表示中，数据库中每一条记录将对应一个结论与直接前提知识，当进行推理时，将根据这些结论与直接前提知识进行查找、替换，产生结论与非直接前提知识，由于一个结论可能有多个前提，这样不断进行替换，将会得到大量结论与非直接前提知识，存储这些知识将会占用较大空间。

现在设计的电力变压器故障诊断专家系统知识表示将应用该关系数据库记录知识表示形式。后续介绍推理机设计时，将会说明如何针对关系数据库记录知识表示的缺点进行处理。

3.3　知　识　获　取

知识获取（knowledge acquisition）是专家系统的核心，是指从一个或多个知识源发现、吸取、构造和组织知识，使之形成系统知识库的过程。知识获取是人工智能和知识工程的基本技术之一。知识获取是建立知识库的前提条件，专家系统拥有的知识量取决于知识获取问题，知识获取是专家系统需要解决的关键问题。

知识获取和知识表示是建立、完善和扩展知识库的基础，是利用知识进行推理求解问题的前提。智能信息系统中知识的质量和数量直接影响其系统性能，知识获取成为智能信息系统开发的关键。本节在概述知识获取的基础上，将重点讨论机器学习、数据挖掘与知识发现的基本原理与方法，并进一步论述知识获取在智能信息系统中的应用。

知识获取的知识源主要有三种：人工专家、书籍资料和相关的数据库，其中，人工专家是知识获取的主要来源。专家系统是集众多人工专家的经验和知识的智能计算机程序，从人工专家获取知识是主要途径。一般知识获取的途径分为两种：一种是先由知识工程师和领域专家交谈，以及阅读、分析各种资料得到相关领域的各种知识，然后通过适当的表示方式把知识输入到计算机中，称为知识获取；另一种途径是通过机器自己学习，从处理问题的过程中获得。

知识获取的本质是获得事实、规则及模式的集合，信息源主要是人类专家、书本、数据库和网络信息源等，把它们转换为符合计算机知识表示的形式。

知识获取的基本任务包括知识抽取、知识建模、知识转换、知识存储、知识检测以及知识库的重组这几个方面。

（1）知识抽取。把蕴含于信息源中的知识经过识别、理解、筛选、归纳等过程抽取出来，并存储于知识库中。

（2）知识建模。构建知识模型，主要包括三个阶段：知识识别、知识规范说明和知识精化。

（3）知识转换。把知识由一种表示形式变换为另一种表示形式。

（4）知识存储。把用适当模式表示的知识经编辑、编译送入知识库。

（5）知识检测。为保证知识库的正确性，需要做好对知识的检测。

（6）知识库的重组。对知识库中的知识重新进行组织，以提高系统的运行效率。

3.3.1　知识获取的方法

从知识来源来看，知识获取的主要途径有以下几种：知识工程师以会谈的形式从专家那里获取知识、从文本中抽取知识、从数据库中发现知识、从网页上获取知识以及从图表中获取知识等。从知识获取过程的自动化程度来看，知识获取可分为非自动知识获取、半自动知识获取、自动知识获取。从知识获取的模式来看，有基于知识表示的知识获取与基于模型的知识获取。

1. 基于知识表示的知识获取与基于模型的知识获取

首先需要说明的是基于知识表示的知识获取与基于模型的知识获取本身不是具体的知识获取方法，而是知识获取的模式。

基于知识表示的知识获取是指首先确定一种知识表示方法，然后根据这种表示的要求（如框架中的槽）逐项获取具体的知识，这种方法获取的知识粒度较细，如知识编辑的方法就是基于表示的知识获取。而基于模型的知识获取则是事先建立一个知识模型，知识获取是在模型的指导下进行。例如，一个基于诊断模型的知识获取系统会向用户提出如症状、假设、分类和先验概率等问题。而一个基于规划模型的知识获取系统则会向用户提出如目标、子目标、限制约束和组合方法等各种问题。这种知识获取的方法好处很多，如它可以使一个不了解计算机的领域专家感到很亲切，以适合于他职业用语的方式传授知识。

2. 自动（半自动）知识获取与非自动知识获取

1）自动知识获取

自动知识获取是指系统自身具有获取知识的能力，它不仅可以直接与领域专家对话，从专家提供的原始信息中学习知识，而且还能从系统自身的运行中总结、归纳出新的知识，发现知识可能存在的错误。为达到这一目的，自动知识获取至少应具备以下几点能力。

（1）具备识别语音、文字和图像的能力。

（2）具备理解、分析和归纳的能力。

（3）具备从实践中学习的能力。

总之，在自动知识获取系统中，原来需要知识工程师做的事情都由系统来完成。自动知识获取是一种理想的知识获取方式，它的实现涉及人工智能的众多研究领域，如模式识别、自然语言理解和机器学习等，对硬件也有较高的要求。

2）半自动知识获取

因为上面所述的这些人工智能研究领域自身也只是处在发展的初期阶段，所以知识的自动获取还不可能完全实现，而非自动知识获取已被证明是一件非常费时费力的工作。因此，人们提出了一种折中方案，在非自动知识获取的基础上增加部分学习功能，或在机器学习的过程中加入人工干预，这样的系统称为半自动知识获取系统。在不同的系统中，知识获取的"半自动"程度也不同，目前大多数的知识获取系统都是这种方式。

3）非自动知识获取

非自动知识获取是一种使用较普遍的面向专家的知识获取方式。如前所述，在非自动知识获取中，领域专家一般不熟悉知识处理，不能强求他们把自己的知识按专家系统的要求进行知识抽取和转换。另外，专家系统的设计和建造者虽然熟悉知识处理技术，但不掌握专家的知识。因此，需要两者之间有一个专家，既懂得如何与领域专家打交道，能从领域专家及有关文献中抽取专家系统所需的知识，又熟悉知识处理，能把获得的知识用合适的知识表示模式或语言表示出来，这样的中介专家就称为知识工程师。实际上知识工程师的工作大多由专家系统的设计和建造者担任。

专家系统 MYCIN 的知识获取就是按上述方法完成的，它对非自动知识获取方法的研究和发展起到了非常重要的作用。

3. 面向各种知识源的知识获取

1）面向专家的知识获取

以往的知识获取主要是面向专家的，知识获取的目的也是为了建造专家系统，所获取的知识主要是专家的经验及问题求解方法。知识获取主要由知识工程师手工整理专家知识来完成。

2）面向文本的知识获取

由于建造各种基于知识的系统的需要，大量的领域知识需要获取，仅从专家那里获取知识已不能满足需要，而约 90% 的领域知识可以直接从文本（包括书本和文献等）中获取。因此，面向文本的知识获取成为当前知识获取的主流。知识获取方法也很灵活，有手工获取、半自动获取及有限的自动获取等方法。

3）面向数据库的知识获取

数据库中蕴含大量规律性的知识，面向数据库的知识获取主要是获取规则性的知识。面向数据库的知识获取主要得益于知识发现（在数据库中也称数据挖掘）技术的进展，如关联规则挖掘、粗集理论、机器学习和人工神经网络等技术都为数据库中的知识发现提供了可能。由于各种商业需求，面向数据库的知识获取已成为研究的热点。

4）面向 Internet 的知识获取

Internet 可谓是信息最丰富、最容易得到的知识源。Internet 上有大量的专业技术文献，各种 Web 文本、图片、语音、视频等资源。从 Internet 上获取知识主要是依靠信息检索技术对各种各样的信息进行分类、提取，最后再用学习算法从这些信息中抽取知识。目前，从 Internet 上获取知识已成为该领域的研究热点。

5）面向其他知识源的知识获取

除上述几种主流的获取方法以外，还有基于例子学习的知识获取，从图表中获取知识，从语音、图像、视频等媒体中获取知识等，这里不再一一介绍。

3.3.2　知识获取的步骤

宏观地看，知识获取可以分为知识抽取、知识转换、知识的检测与求精三个阶段。

1. 知识抽取

知识抽取是指把蕴含于知识源（如领域专家、书本和相关技术文献等）中的知识经过识别、理解、筛选、归纳等工作抽取出来，并将其输入到知识库中。

在面向专家的知识获取过程中，知识抽取主要是通过知识工程师与专家进行面谈，以询问的方式获取专家的经验、解决问题的方法、规则等。在从文本获取知识的过程中，知识抽取主要是识别出文本中的概念，概念的定义，概念之间的关系、性质、结论等知识。目前大量的知识获取方法都集中于面向文本的知识获取。

2. 知识转换

人类专家或科技文本中的知识通常是用自然语言、图形、表格等形式表示的，而知识库中的知识必须要用计算机能够识别和理解的形式表示，两者之间存在较大的差别，为了使从人类专家及有关文献中抽取出来的知识能为计算机所用，需要对知识的表示形式进行转换。知识转换一般分为两步进行：第一步是把从领域专家、有关文献中抽取出来的知识转换为某种知识表示模式，如产生式规则、框架和一阶谓词等；第二步是把该模式表示的知识转换为系统可以直接利用的内部形式即底层的知识模型。通常后一步可以由计算机编译程序来完成。

3. 知识的检测与求精

在前面的知识抽取与知识转换过程中，任何环节上的失误都会造成知识错误，直接影响系统的性能，因此必须对知识库中的知识进行检测，以便尽早地发现和纠正错误。另外，经过抽取转换后的知识可能存在不一致、不完整及知识冗余等问题，也需要通过知识检测来发现这样的知识，保证知识的质量。知识的不一致性是指知识库存在矛盾的知识；知识的不完整性是指知识库中的知识不完全，不能满足预先定义的约束条件；知识冗余是指存在多余的知识或者存在多余的约束条件。

目前对知识的检测主要是用逻辑的方法。例如，应用归结原理检查知识库中是否存在矛盾的知识或从知识库中是否能推出不相容的结论，对完整性的检查主要是以约束满足算法来检查是否存在不可满足的约束条件，同时考虑约束传播问题。

知识求精是指对可能导致系统产生错判或漏判的知识进行改进，以提高系统可靠性。错判是指对给定的不应产生某一结论的条件，经系统运行却得到了这一结论，如对一个肝炎诊断系统而言，把不应诊断为肝炎的病例诊断为肝炎。漏判是指对给定条件本应推出的结论没有推出来，如把是肝炎的病例没有诊断为肝炎。通常的办法是用一批有已知结论的实例考核知识库，看有多少百分比的实例被知识库正确判断，有多少百分比的实例被知识库错判或漏判，然后对引起错判或漏判的知识进行改进，这样就提高了知识库的可靠性。

3.3.3 以会谈方式获取领域专家的知识

面向领域专家的知识获取[40]是以往专家系统获取知识的主要方式。在这种方法中，知识的主要来源是领域专家的知识和经验，知识获取主要是靠知识工程师以会谈的形式询问和记录领域专家的知识,并将其转换为知识表示所要求的格式。

　　在知识获取的早期阶段,会谈通常以一种松散的方式进行,这时一般不涉及很深的领域问题。这种松散会谈的不利之处在于缺乏约束并且不太正式,这样通常会导致会谈远离主题,专家也会提供一些不完整的甚至是矛盾的信息,而知识工程师可能在整理和分析知识时发现结果是无用的。有组织的会谈则是经过严格计划的,会谈者对会谈过程的控制也比较紧凑。这种会谈往往目的明确,记录下来的结果也更加结构化,利于分析和整理,但这种会谈需要经过细致的准备和熟练的会谈技巧。

　　无论会谈是否经过组织,整个知识获取过程都需要大量的会谈,因此这种知识获取一般都进展缓慢,而且需要大量的手工劳动。一方面,这种方法依赖于专家的意愿、能力及表达的清晰程度和条理性;另一方面,要求知识工程师要对领域相关的术语比较熟悉,而且往往知识工程师会感觉会谈过程很难控制。鉴于此,一些研究人员提出了基于知识编辑的会谈技术,这种技术要求领域专家提供经过组织的知识,然而可能存在一些知识即便是最有表达能力的专家也不知如何来表达它,由于这些知识本身可能在领域中就是不清楚的,或是不能用语言来表达的(如模式识别知识),更或者说这些知识已经完全经验化了,自然到不知从何说起。

　　因此,这种方法是完全手工化的,其效率是可想而知的,这也是知识获取成为建立系统的瓶颈的原因。

3.3.4　机器学习

　　机器学习[41](machine learning)是通过对人类学习过程和特点的研究,建立学习理论和方法,并应用于机器以改进机器的行为和性能,提高机器解决问题的能力。通俗地说,机器学习就是研究如何用机器来模拟人类的学习活动,以使机器能够更好地帮助人类。机器学习是一门多领域交叉学科,涉及概率论、统计学、逼近论、凸分析、算法复杂度等多门学科。它是人工智能的核心,是使计算机具有智能的根本途径,其应用遍及人工智能的各个领域,它主要使用归纳、综合而不是演绎。

　　机器能否像人类一样具有学习能力呢?1959 年美国的塞缪尔(Samuel)设计了一个下棋程序,这个程序具有学习能力,它可以在不断的对弈中改善自己的棋艺。4 年后,这个程序战胜了设计者本人。又过了 3 年,这个程序战胜了美国一个保持 8 年之久的常胜冠军。这个程序向人们展示了机器学习的能力,提出了许多令人深思的社会问题与哲学问题。机器的能力是否能超过人类,很多持否定意见的人的一个主要论据是机器是人造的,其性能和动作完全是由设计者规定的,因此无论如何其能力也不会超过设计者本人。这种意见对不具备学习能力的机器来说的确是对的,可是对具备学习能力的机器来说就值得考虑了,由于这种机器的能力在应用中不断地提高，过一段时间之后，设计者本人也不知它的能力到了何种水平。

1. 机器学习发展史

机器学习是人工智能研究较为年轻的分支，它的发展过程大体上可分为四个阶段。第一阶段是 20 世纪 50 年代中叶到 60 年代中叶，属于热烈时期。第二阶段是 20 世纪 60 年代中叶至 70 年代中叶，称为机器学习的冷静时期。第三阶段是 20 世纪 70 年代中叶至 80 年代中叶，称为复兴时期。机器学习的最新阶段始于 1986 年。

机器学习进入新阶段的重要表现为下列几个方面。

（1）机器学习已成为新的边缘学科并在高校形成一门课程。它综合应用心理学、生物学和神经生理学以及数学、自动化和计算机科学形成机器学习理论基础。

（2）结合各种学习方法，取长补短的多种形式的集成学习系统研究正在兴起。特别是连接学习及符号学习的耦合可以更好地解决连续性信号处理中知识与技能的获取与求精问题而受到重视。

（3）机器学习与人工智能各种基础问题的统一性观点正在形成。例如，学习与问题求解结合进行，知识表达便于学习的观点产生了通用智能系统 SOAR 的组块学习。类比学习与问题求解结合的基于案例方法已成为经验学习的重要方向。

（4）各种学习方法的应用范围不断扩大，一部分已形成商品。归纳学习的知识获取工具已在诊断类型专家系统中广泛使用；连接学习在声图文识别中占优势；分析学习已用于设计综合型专家系统；遗传算法与强化学习在工程控制中有较好的应用前景；与符号系统耦合的神经网络连接学习在企业的智能管理与智能机器人运动规划中发挥作用。

（5）与机器学习有关的学术活动空前活跃。国际上除每年一次的机器学习研讨会外，还有计算机学习理论会议以及遗传算法会议。

2. 机器学习基本结构

环境向系统的学习部分提供某些信息，学习部分利用这些信息修改知识库，以增进系统执行部分完成任务的效能，执行部分根据知识库完成任务，同时把获得的信息反馈给学习部分。在具体的应用中，环境、知识库和执行部分决定了具体的工作内容，学习部分需要解决的问题完全由上述 3 部分确定。下面分别叙述这 3 部分对设计学习系统的影响。

影响学习系统设计的最重要的因素是环境向系统提供的信息，或者更具体地说是信息的质量。知识库里存放的是指导执行部分动作的一般原则，但环境向学习系统提供的信息却是各种各样的。如果信息的质量比较高，与一般原则的差别比较小，则学习部分比较容易处理。如果向学习系统提供的是杂乱无章的指导执行具体动作的具体信息，则学习系统需要在获得足够数据之后，删除不必要的细节，进行总结推广，形成指导动作的一般原则，放入知识库，这样学习部分的任务就比较繁重，设计起来也较为困难。

因为学习系统获得的信息往往是不完全的，所以学习系统进行的推理并不完全是可靠的，它总结出来的规则可能正确，也可能不正确，这要通过执行效果加以检验。正确的规则能使系统的效能提高，应予保留；不正确的规则应予修改或从数据库中删除。

知识库是影响学习系统设计的第二个因素。知识的表示有多种形式，如特征向量、一阶逻辑语句、产生式规则和语义网络和框架等。这些表示形式各有其特点，在选择表示形式时要兼顾以下 4 个方面。

（1）表达能力强。

（2）易于推理。

（3）容易修改知识库。

（4）知识表示易于扩展。

对于知识库，最后需要说明的一个问题是学习系统不能在全然没有任何知识的情况下凭空获取知识，每一个学习系统都要求具有某些知识理解环境提供的信息，分析比较，做出假设，检验并修改这些假设。因此，更确切地说，学习系统是对现有知识的扩展和改进。

执行部分是整个学习系统的核心，这是由于执行部分的动作就是学习部分力求改进的动作。同执行部分有关的问题有 3 个：复杂性、反馈和透明性。

机器学习系统结构[42]具体如图 3.10 所示。

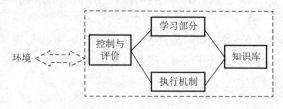

图 3.10　机器学习系统结构

其中，知识库用于存储、积累系统的知识；学习部分是系统的核心部件；执行机制是使用已学习到的知识完成所规定的任务，它以各种方法运用知识库中的规则引导系统的活动；控制与评价是用来评价系统执行性能，检测系统执行效果；环境是获取信息和知识的来源。

3. 机器学习分类

学习策略是指学习过程中系统所采用的推理策略。根据学习策略，可以对机器学习进行分类。一个学习系统总是由学习和环境两部分组成。环境（如书本或教师）提供信息，学习部分则实现信息转换，用能够理解的形式记忆下来，并从中获取有用的信息。在学习过程中，学生（学习部分）使用的推理越少，他对教师（环境）的依赖就越大，教师的负担也就越重。学习策略的分类标准就是根据实现信息转换所需推理的多少和难易程度来分类，依从简单到复杂，从少到多的次序分为六种基本类型。

1）机械学习

机械学习（rote learning）是学习者无需任何推理或其他的知识转换，直接吸取环境所提供的信息，如塞缪尔的跳棋程序、纽厄尔和西蒙的 LT 系统。这类学习系统主要考虑的是如何索引存储的知识并加以利用。系统的学习方法是直接通过事先编好、构造好的程序来学习，学习者不做任何工作，或者是通过直接接收既定的事实和数据进行学习，对输入信息不做任何的推理。

2）示教学习

示教学习（learning from instruction 或 learning by being told）是学生从环境（教师或其他信息源，如教科书等）获取信息，把知识转换成内部可使用的表示形式，并将新的知识和原有知识有机地结合为一体。因此要求学生有一定程度的推理能力，但环境仍要做大量的工作。教师以某种形式提出和组织知识，以使学生拥有的知识可以不断地增加。这种学习方法和人类社会的学校教学方式相似，学习的任务就是建立一个系统，使它能接受教导和建议，并有效地存储和应用学到的知识。不少专家系统在建立知识库时使用这种方法去实现知识获取。示教学习的一个典型应用实例是 FOO 程序。

3）演绎学习

演绎学习（learning by deduction）是学生所用的推理形式为演绎推理。推理从公理出发，经过逻辑变换推导出结论。这种推理是"保真"变换和特化（specialized）的过程，使学生在推理过程中可以获取有用的知识。这种学习方法包含宏操作（macro-operation）学习、知识编辑和组块（chunking）技术。演绎推理的逆过程是归纳推理。

4）类比学习

类比学习（learning by analogy）是利用两个不同领域（源域、目标域）中的知识相似性，可以通过类比，从源域的知识（包括相似的特征和其他性质）推导出目标域的相应知识，从而实现学习。类比学习系统可以使一个已有的计算机应用系统转变为适应于新的领域，来完成原先没有设计的相类似的功能。

类比学习需要比上述三种学习方式有更多的推理。它一般要求先从知识源（源域）中检索出可用的知识，再将其转换成新的形式，用到新的状况（目标域）中去。类比学习在人类科学技术发展史上起着重要作用，许多科学发现就是通过类比得到的。例如，著名的卢瑟福类比就是通过将原子结构（目标域）同太阳系（源域）作类比，揭示了原子结构的奥秘。

5）基于解释的学习

基于解释的学习（explanation-based learning, EBL）是学生根据教师提供的目标概念、该概念的一个例子、领域理论及可操作准则，首先构造一个解释来说明为什么该例子满足目标概念，然后将解释推广为目标概念的一个满足可操作准则的充分条件。

6）归纳学习

归纳学习（learning from induction）是由教师或环境提供某概念的一些实例或反例，让学生通过归纳推理得出该概念的一般描述。这种学习的推理工作量远多于示教学习和演绎学习，这是由于环境并不提供一般性概念描述（如公理）。从某种程度上说，归纳学习的推理量也比类比学习大，这是由于没有一个类似的概念可以作为"源概念"加以取用。归纳学习是最基本的，发展也较为成熟的学习方法，在人工智能领域中已经得到了广泛的研究和应用。

4. 机器学习获取知识表示形式

对于学习中获取的知识，主要有以下一些表示形式。

1）代数表达式参数

学习的目标是调节一个固定函数形式的代数表达式参数或系数来达到一个理想的性能。

2）决策树

用决策树来划分物体的类属，树中每一个内部结点对应一个物体属性，而每一边对应这些属性的可选值，树的叶结点则对应物体的每个基本分类。

3）形式文法

在识别一个特定语言的学习中，通过对该语言的一系列表达式进行归纳，形成该语言的形式文法。

4）产生式规则

产生式规则表示为"条件-动作"对，已被广泛地使用。学习系统中的学习行为主要是生成、泛化、特化（specialized）和合成产生式规则。

5）形式逻辑表达式

形式逻辑表达式的基本成分是命题、谓词、变量、约束变量范围的语句，及嵌入的逻辑表达式。

6）图和网络

有的系统采用图匹配和图转换方案来有效地比较和索引知识。

7）框架和模式

每个框架（schema）包含一组槽，用于描述事物（概念和个体）的各个方面。

8）计算机程序和其他的过程编码

获取这种形式的知识，目的在于取得一种能实现特定过程的能力，而不是为了推断该过程的内部结构。

9）神经网络

这主要用在连接学习中，学习所获取的知识，最后归纳为一个神经网络。

10）多种表示形式的组合

有时一个学习系统中获取的知识需要综合应用上述几种知识表示形式。

5. 机器学习研究范畴

从机器学习的执行部分所反映的任务类型上看，大部分的应用研究领域基本上集中于以下两个范畴：分类和问题求解。

（1）分类任务要求系统依据已知的分类知识对输入的未知模式（该模式的描述）作分析，以确定输入模式的类属。相应的学习目标就是学习用于分类的准则（如分类规则）。

（2）问题求解任务要求对于给定的目标状态，寻找一个将当前状态转换为目标状态的动作序列。机器学习在这一领域的研究工作大部分集中于通过学习来获取能提高问题求解效率的知识（如搜索控制知识和启发式知识等）。

6. 机器学习方法

综合考虑各种学习方法出现的历史渊源、知识表示、推理策略、结果评估的相似性、研究人员交流的相对集中性以及应用领域等因素，将机器学习方法分为以下六类。

1）经验性归纳学习

经验性归纳学习（empirical inductive learning）采用一些数据密集的经验方法（如版本空间法、ID3 法和定律发现方法）对例子进行归纳学习。其例子和学习结果一般都采用属性、谓词、关系等符号表示。它相当于基于学习策略分类中的归纳学习，但扣除连接学习、遗传算法、加强学习的部分。

2）分析学习

分析学习（analytic learning）方法是从一个或少数几个实例出发，运用领域知识进行分析。其主要特征为①推理策略主要是演绎，而非归纳；②使用过去的问题求解经验（实例）指导新的问题求解，或产生能更有效地运用领域知识的搜索控制规则。

分析学习的目标是改善系统的性能，而不是新的概念描述。分析学习包括应用解释学习、演绎学习、多级结构组块以及宏操作学习等技术。

3）类比学习

它相当于基于学习策略分类中的类比学习（analogic learning）。在这一类型的学习中比较引人关注的研究是通过与过去经历的具体事例作类比来学习，称为基于范例的学习（case-based learning），或简称范例学习。

4）遗传算法

遗传算法（genetic algorithm）是模拟生物繁殖的突变、交换和达尔文的自然选择（在每一生态环境中适者生存）。它把问题可能的解编码为一个向量，称为个体，向量的每一个元素称为基因，并利用目标函数（相应于自然选择标准）对群体（个体的集合）中的每一个个体进行评价，根据评价值（适应度）对个体进行选择、交换、变异等遗传操作，从而得到新的群体。遗传算法适用于非常复杂和困难的环境，如带有大量噪声和无关数据、事物不断更新、问题目标不能明显和精确地定义，以及通过很长的执行过程才能确定当前行为的价值等。同神经网络一样，遗传算法的研究已经发展为人工智能的一个独立分支，其代表人物是霍兰德（Holland）。

5）连接学习

典型的连接模型实现为人工神经网络，其由称为神经元的一些简单计算单元以及单元间的加权连接组成。

6）增强学习

增强学习（reinforcement learning）的特点是通过与环境的试探性交互来确定和优化动作的选择，从而实现所谓的序列决策任务。在这种任务中，学习机制通过选择并执行动作，导致系统状态的变化，并有可能得到某种强化信号（立即回报），从而实现与环境的交互。强化信号就是对系统行为的一种标量化的奖惩。系统学习的目标是寻找一个合适的动作选择策略，即在任意给定的状态下选择哪种动作的方法，使产生的动作序列可获得某种最优的结果。

在综合分类中，经验性归纳学习、遗传算法、连接学习和增强学习均属于归纳学习，其中经验性归纳学习采用符号表示方式，而遗传算法、连接学习和增强学习则采用亚符号表示方式，分析学习属于演绎学习。

实际上，类比策略可看作是归纳和演绎策略的综合，因而最基本的学习策略只有归纳和演绎。从学习内容的角度来看，由于采用归纳策略的学习是对输入进行归纳，所学习的知识显然超过原有系统知识库所能蕴含的范围，所学结果改变了系统的知识演绎闭包，因而这种类型的学习又可称为知识级学习。而采用演绎策略的学习尽管所学的知识能提高系统的效率，但仍能被原有系统的知识库所蕴含，即所学的知识未能改变系统的演绎闭包，因而这种类型的学习又被称为符号级学习。

3.3.5　数据挖掘与知识发现

数据挖掘[43]（data mining）是数据库知识发现（knowledge discovery in

database，KDD）中的一个步骤。数据挖掘一般是指从大量的数据中通过算法搜索隐藏于其中的信息的过程。数据挖掘通常与计算机科学有关，并通过统计、在线分析处理、情报检索、机器学习、专家系统（依靠过去的经验法则）和模式识别等诸多方法来实现上述目标。

近年来，数据挖掘引起了信息产业界的极大关注，主要原因是其存在大量数据，可以广泛使用，并且迫切需要将这些数据转换成有用的信息和知识。获取的信息和知识可以广泛用于各种应用，包括商务管理、生产控制、市场分析[44]、工程设计和科学探索等。

数据挖掘利用了以下一些领域的思想：第一是来自统计学的抽样、估计和假设检验；第二是人工智能、模式识别和机器学习的搜索算法、建模技术和学习理论。数据挖掘也迅速地接纳了来自其他领域的思想，这些领域包括最优化、进化计算、信息论、信号处理、可视化和信息检索。一些其他领域也起到重要的支撑作用。特别地，需要数据库系统提供有效的存储、索引和查询处理支持，源于高性能（并行）计算的技术在处理海量数据方面非常重要。分布式技术也能帮助处理海量数据，并且当数据不能集中到一起处理时更是至关重要。

数据挖掘的方法一般有以下几种。

1）分类

分类（classification）是首先从数据中选出已经分好类的训练集，在该训练集上运用数据挖掘分类的技术，建立分类模型，对于没有分类的数据进行分类。需要注意，类的个数是确定的，是预先定义好的。

2）估计

估计（estimation）与分类类似，不同之处在于，分类描述的是离散型变量的输出，而估计处理连续值的输出；分类的类别是确定数目的，估计的量是不确定的。

一般来说，估计可以作为分类的前一步工作。给定一些输入数据，通过估计，得到未知的连续变量的值，然后根据预先设定的阈值进行分类。例如，银行对家庭贷款业务，运用估计，给每个客户记分（score 0~1），然后根据阈值，对贷款级别分类。

3）预测

通常，预测（prediction）是通过分类或估计起作用的，也就是说，通过分类或估计得出模型，该模型用于对未知变量的预言。从这种意义上说，预测其实没有必要分为一个单独的类。预测的目的是对未来未知变量的预测，这种预测是需要时间来验证的，即必须经过一定时间后，才知道预测准确性是多少。

4）相关性分组或关联规则

相关性分组或关联规则（affinity grouping or association rules）是决定哪些事情将一起发生。例如，超市中客户在购买 A 的同时，经常会购买 B，即 A => B（关联规则）；客户在购买 A 后，隔一段时间，会购买 B（序列分析）。

5）聚类

聚类（clustering）是对记录分组，把相似的记录在一个聚集里。聚类和分类的区别是聚类不依赖于预先定义好的类，不需要训练集。聚类通常作为数据挖掘的第一步。

6）描述和可视化

描述和可视化（description and visualization）是对数据挖掘结果的表示方式。一般是指数据可视化工具，是报表工具和商业智能（BI）分析产品的统称。例如，通过相关工具进行数据的展现、分析、钻取，将数据挖掘的分析结果更形象、深刻地展现出来。

知识发现是从数据集中识别出有效的、新颖的、潜在有用的，以及最终可理解的模式的非平凡过程。知识发现将信息变为知识，从数据矿山中找到蕴藏的知识金块，将为知识创新和知识经济的发展做出贡献。

数据库知识发现（KDD）是所谓"数据挖掘"的一种更广义的说法，即从各种媒体表示的信息中，根据不同的需求获得知识。数据库知识发现的目的是向使用者屏蔽原始数据的烦琐细节，从原始数据中提炼出有意义的、简洁的知识，直接向使用者报告。

数据库知识发现[45]和数据挖掘还存在着混淆，通常这两个术语替换使用。KDD 表示将低层数据转换为高层知识的整个过程，可以将 KDD 简单定义为是确定数据中有效的、新颖的、潜在有用的、基本可理解的模式的特定过程。而数据挖掘可认为是观察数据中模式或模型的抽取，这是对数据挖掘的一般解释。虽然数据挖掘是知识发现过程的核心，但它通常仅占 KDD 的一部分（大约是 15%～25%）。因此，数据挖掘仅仅是整个 KDD 过程的一个步骤，对于到底有多少步骤以及哪一个步骤必须包括在 KDD 过程中没有确切的定义。然而，通用的过程应该接收原始数据输入，选择重要的数据项，缩减、预处理和浓缩数据组，将数据转换为合适的格式，从数据中找到模式，评价解释发现结果。

数据库知识发现过程包括以下几个步骤。

（1）问题的理解和定义。数据挖掘人员与领域专家合作，对问题进行深入的分析，以确定可能的解决途径和对学习结果的评测方法。

（2）相关数据收集和提取。根据问题的定义收集有关的数据，在数据提取过程中，可以利用数据库的查询功能以加快数据的提取速度。

（3）数据探索和清理。了解数据库中字段的含义及其与其他字段的关系，对提取出的数据进行合法性检查并清理含有错误的数据。

（4）数据工程。对数据进行再加工，主要包括选择相关的属性子集并剔除冗余属性，根据知识发现任务对数据进行采样以减少学习量以及对数据的表述方式进行转换以适于学习算法等。为了使数据与任务达到最佳的匹配，这个步骤可能需要反复多次。

（5）算法选择。根据数据和所要解决的问题选择合适的数据挖掘算法，并决定如何在这些数据上使用该算法。

（6）运行数据挖掘算法。根据选定的数据挖掘算法对经过处理后的数据进行模式提取。

（7）结果的评价。对学习结果的评价依赖于需要解决的问题。领域专家对发现的模式的新颖性和有效性进行评价。数据挖掘是 KDD 过程的一个基本步骤，它包括从数据库中发现模式的挖掘算法。KDD 过程使用数据挖掘算法根据特定的度量方法和阈值从数据库中提取或识别出知识，这个过程包括对数据库的预处理、样本划分和数据变换等。

知识发现与知识获取两者之间有以下几种关系。

（1）两者有共同的目标，都致力于获取潜在的、有价值的知识。

（2）两者有共同的背景，大量的、不完全的、有噪声的、模糊的应用数据是它们的数据来源。

（3）两者面临相同的困难，都需要正确地进行数据理解，将数据或实例升华成知识。

（4）两者的不同之处。知识获取是一个由学习系统从数据库、已有知识和事例中获取知识的过程。而数据挖掘是从大量的、不完全的、有噪声的、模糊的、随机的实际应用数据中提取隐含在其中的、人们事先不知道的，但又是潜在有用的信息和知识的过程。

数据挖掘与知识发现在知识获取中有以下几方面的应用。

（1）可以在知识获取中引入数据预处理模块，以免大量噪声数据影响知识获取的正确性。

（2）数据挖掘研究的成果，如基于关联规则的知识发现等，大大加深和拓宽了知识获取的深度与广度，有利于从多方面、多层次、多渠道获取知识。

（3）数据挖掘与统计学的结合，可以使知识获取具备更多的统计科学性。

（4）数据挖掘与可视化技术的结合，可增强知识的直观性和可理解性。

知识发现有以下几个主要方法。

（1）归纳学习方法。依据事物的特征，执行归纳推理，产生描述一类数据对象的普遍特征的规则。归纳学习方法是目前重点研究的方向，研究成果较多。从所采用的技术上看，又可细分为两类：信息论方法和集合论方法。

（2）仿生物技术方法。仿生物技术典型的方法是神经网络方法和遗传算法，这两类方法已经形成了独立的研究体系。

（3）公式发现方法。在工程和科学数据库（由实验数据组成）中对若干数据项（变量）进行一定的数学运算，求得相应的数学公式。

（4）统计分析方法。利用统计学原理对数据库中的数据进行分析。

（5）模糊数学方法。利用模糊集合理论对实际问题进行模糊评判、模糊决策、模糊模式识别和模糊聚类分析。

（6）基于知识的挖掘方法。目前，数据挖掘中开始引入了本体、知识抽取和知识组织等知识处理技术，实现基于知识的挖掘。

3.3.6　知识获取在智能信息系统中的应用

1. 具有知识获取功能的智能信息系统模型

具有知识获取功能的智能信息系统一般包括知识获取、知识服务、知识利用和知识库管理，具体模型如图 3.11 所示。知识获取又涉及机器学习、知识发现和机器感知。

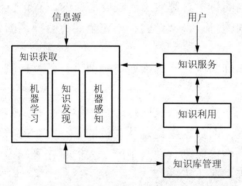

图 3.11　具有知识获取功能的智能信息系统模型

模型构成：主要包括知识获取、知识库管理、知识利用和知识服务等部分。

模型特点：综合利用各种信息源；对各种信息源的不同表示进行综合、一致地管理；将知识获取的各项任务适当综合于信息系统各部件的功能任务中。能将外界知识获取和系统自身执行的反馈学习有机地结合起来，提高系统的执行性能和效率。

2. 领域知识的获取

领域知识的获取的主要工作是获取基本概念及概念之间的各种语义关系，即获取概念知识。

静态概念知识的获取主要是通过专家学习、词表学习、文献学习等完成。通过专家学习是对领域专家进行采访，在讨论中获取重要的学科概念和专业知识；通过词表学习是从现有叙词表中移植，然后加以分析、修改和补充，获取标准化的、具有代表性的主题概念和概念关系；通过文献学习是对相关领域的文献集合进行学习，通过对文献的标题、关键词、类目等进行统计和分析，获取通用的领域概念及概念关系。

　　动态概念知识的获取主要是通过人工输入方式、机器自动学习方式等完成。人工输入方式中用户为主动方，当用户认为系统中的概念知识库不足以满足其需要时，可以在人机交互界面的帮助下，自行输入新的概念知识，补充或修改知识本体，系统将结果保存到概念知识库[46]中，供以后使用。机器自动学习方式中系统为主动方，其学习过程可以根据系统功能需求进行。例如，智能检索系统中，用户在提供检索时可能会输入一些静态概念知识库中没有的新概念，系统日志可以记录下用户的检索行为，作为自动学习的基础。用户对系统模型使用相当一段时间后，在用户的命令要求下，系统可以对用户日志记录进行统计和分析，通过概念联想扩展，发现新的相关概念和概念关系，经用户确认后加入到概念知识库中。

　　3. 专家知识的获取

　　对于专家知识的获取，可以通过与专家访谈、发放调查表等方式完成；可以从专家提供的工作实例或基本操作信息中，通过机器归纳学习技术归纳学习专门知识；可以借助神经网络技术，系统地进行自组织、自学习，不断地充实、丰富专家系统中原有的知识库。

　　4. 用户知识的获取

　　用户知识的获取主要从用户与系统的交互中或从用户使用记录中获取。

　　5. 基于系统自学习的知识获取

　　基于系统运行实例的自学习，实例的运行过程是求解问题的过程，也是系统积累经验、发现自身缺陷及错误的过程。利用运行实例进行归纳推理可以获取有关系统运行性能的经验知识。

　　基于系统维护史的自学习。对系统知识库的增、删、改将使知识库的内容发生变化，如果将其变化情况及知识的使用情况记录下来，将有利于评价知识的性能、改善知识库的组织结构，增强知识库的主动维护功能。

3.3.7　本系统的知识获取

　　前面提到，本系统的知识表示采用的是关系数据库记录的形式。这种表示实际上是对产生式规则表示方式的一种改进，保留了产生式规则直观、自然、便于推理、格式固定、形式单一、规则间相互独立的特点，更是充分利用了现有成熟的关系数据库技术，使系统本身能够对知识进行转换、推导而得到新知识。当然，由于有些知识是全新的知识，无法利用知识库中现有的知识推导转换而来，就必须通过人工的方式输入，然后再结合系统知识库中的其他知识，由系统进行推导转换而得到更多的知识。因此，对于本电力变压器故障诊断专家系统的知识获取，是通过以下两个途径完成的。

（1）人工输入。对于最基本的新知识，系统无法知道，只能通过人工的方式输入。例如，铁心接地电流超标（故障现象），则铁心接地绝缘破损（故障直接原因）。若不将这样的知识告诉系统，系统永远无法知道，只能通过人工输入方式完成。

（2）系统自动学习。当在系统中输入基本知识后，多个基本知识相互结合就可以推导转换得出新的知识。例如，前文有一条基本知识：铁心接地电流超标（故障现象），则铁心接地绝缘破损（故障直接原因）。若还有基本知识：铁心接地绝缘破损（故障现象），则铁心接地绝缘部分受压（故障直接原因）；铁心接地绝缘破损（故障现象），则铁心接地绝缘部分长期温度过高（故障直接原因）。通过这些基本知识，可以由系统自动推理学习而得到新知识：铁心接地电流超标（故障现象），则铁心接地绝缘部分长期温度过高（故障原因）；铁心接地电流超标（故障现象），则铁心接地绝缘部分受压（故障原因）。

总之，本系统的知识获取是通过与变电站的专家交流，同时阅读分析专业文献，综合得到变压器故障相关的大量知识，再经过机器自动的推理学习，设计完成初步的知识库。故障诊断专家系统的运行过程中，不断地由人工增加新知识，同时继续进行机器自动推理学习，以扩大知识库。

系统设计时，在系统知识库中直接输入大量故障现象与对应原因知识，并进行机器自动推理，获取大量的故障现象与故障产生的原因对应关系，特别是故障现象与非直接原因。系统运行过程中，对新发现的知识，由专家级用户对其提炼，加入到系统知识库中，并进行相应的辅助工作。

3.4　知识一致性及完备性检测

专家系统在部署后，随着系统的运行，知识库管理系统不停地加入新的知识，系统知识库不断地增加，知识的数量逐步扩大，后边加入的知识和前边已有的知识关系可能千差万别，这会给知识库维护管理带来各种各样的问题，影响系统的正确判断，甚至不能正确推理出结论，或者会推出与正确结果完全相反的结论，这都是由于知识库知识的不一致性和不完整性[47]带来的问题。

专家系统求解问题是通过使用知识库中的规则和知识来完成的。这些知识是由求解问题所需要的有关规则或事件间的相互关系构成的。建立知识库需要保证知识库中的知识具有一致性和完备性，这样才能使问题求解中避免出现矛盾或无解的情况。当向知识库中添加新的知识，以及删除、修改知识库内容后，需要重新确定知识库知识的一致性和完备性。

知识库中知识出现不一致性时，表现为以下几方面，采用命题逻辑中的符号，可以把它们表示为以下形式。

（1）冗余性。即知识库中存在这样的规则：$A \rightarrow B, B \rightarrow C$ 和 $A \rightarrow C$。

（2）矛盾性。即有规则：$P \rightarrow Q$ 和 $P \rightarrow \neg Q$；或 $A \wedge B \wedge \neg B \rightarrow R$；或 $A \rightarrow R$ 和 $\neg A \rightarrow R$。

（3）循环规则。即有 $A \rightarrow B, B \rightarrow C$ 和 $C \rightarrow A$。

（4）命题包含。即有 $A \rightarrow R$ 和 $A \wedge B \rightarrow R$。

（5）命题多余。即有 $A \wedge B \rightarrow R$ 和 $A \wedge \neg B \rightarrow R$，其中每个字母表示一个命题或者一个复合命题，$\neg B$ 表示与 B 完全相反的结论或命题。

知识不具有完备性是指对于被认为是目标的命题没有一条规则可以导出此命题，知识出现不一致性和不完备性表明对领域问题的描述存在以下问题。

（1）给出的某些命题是没有必要的。

（2）对命题间的关系理解是错误的。

（3）求解问题所需的可解事件不够。

不同的知识表示形式，其知识库中不一致的情形也完全不同，对其处理方式当然也不同。现在要设计的专家系统知识表示采用数据库记录的形式，其知识库不一致性主要体现在循环知识和矛盾知识方面。

3.4.1　循环知识检查

循环知识是当一组知识在推理时形成循环链[48]，称这组知识是循环的知识链。例如，故障现象 B 是由故障原因 A 导致的，即结论 B 的前提是 A，表示为 $A \rightarrow B$（以下含义相同），当有 $A \rightarrow B, B \rightarrow C, C \rightarrow A$ 三条知识时，就是一条循环知识链，从任意一条知识进入推理，都会进入循环，从而可能使推理程序陷入死循环。

在本故障诊断专家系统中，循环知识采用以下算法检查。

算法 3-1：循环知识检查方法。

（1）初始化，构造一个空线性表。打开知识库，记录指针 1 指向首记录，转（2）。

（2）若知识库中记录指针 1 指向末尾，则结束；否则，记录指针下移一条记录，转（3）。

（3）将本条记录对应的结论和前提都填入线性表，并记录对应前提于变量 M 中，同时构造记录指针 2，转（4）。

（4）使指针 2 指向首记录，转（5）。

（5）利用指针 2 向下开始从结论字段搜索 M 值。若搜索到知识库结尾仍未搜索到，则转（2）；否则，将对应记录前提字段记入 M。检查线性表中是否存在 M，若存在，则有循环知识，将 M 记入线性表，转（6）；若线性表中不存在 M，将 M 填入线性表，转（4）。

（6）输出循环知识相关信息（线性表相同符号间用到的知识即构成循环知识），指针 2 下移一条记录，转（5）。

例如，对于具有下列知识集合的知识库：

$$A{\rightarrow}B,\ A{\rightarrow}D,\ B{\rightarrow}C,\ C{\rightarrow}A,\ D{\rightarrow}E,\ F{\rightarrow}B$$

构造好的线性表如下。

（1）$BACB$。

（2）$DACBA$。

（3）$EDACBA$。

（4）$CBAC$。

（5）BF。

从构造好的线性表可以看出，前四个线性表中都各自存在相同字符，说明存在循环知识链，循环知识是归约产生线性表 $BACB$ 对应的知识：$A{\rightarrow}B$，$B{\rightarrow}C$，$C{\rightarrow}A$（通过其他线性表对应的循环知识也是这三条知识）。

3.4.2　矛盾知识检查

矛盾知识是截然相反的结论却有相同的前提，也就是相同的原因导致完全相反的结论。例如，结论 B 的前提是 A，结论非 B 的前提也是 A，如果在数据库中搜索查找到完全相反的结论有着相同的前提，则称这两条知识为矛盾知识。本故障诊断专家系统矛盾知识检查的方法如下所示。

算法 3-2：矛盾知识检查方法。

（1）初始化，构造多个空线性表[49]。打开知识库，使记录指针 1 指向首记录，转（2）。

（2）在知识库中搜索完全相反的结论，若未搜索到，则无矛盾知识，结束；否则转（3）。

（3）对搜索到的完全相反的结论，分别通过归约方式构造知识链线性表，当各个线性表不再增加时转（4）。

（4）标记构造线性表最初搜索到的完全相反的结论（避免下次再被搜索到），检查各个线性表中是否存在相同符号，若无相同符号，转（2）；否则，有矛盾知识，转（5）。

（5）输出矛盾知识相关信息（不同线性表相同符号前用到的知识即构成矛盾知识），转（2）。

例如，若有以下知识集合的知识库：

$A{\rightarrow}B$，$B{\rightarrow}C$，$C{\rightarrow}E$，$A{\rightarrow}D$，$D{\rightarrow}F$，$F{\rightarrow}G$，$G{\rightarrow}{\neg}E$（${\neg}E$ 表示与 E 完全相

反的结论或事实）。

经过检查，发现有 E 和 $\neg E$ 两个完全相反的结论，然后从 E 和 $\neg E$ 分别开始进行归约构造线性表。

（1）$ECBA$。

（2）$\neg EGFDA$（其中 $\neg E$ 为一个符号）。

检查上边两线性表，发现 E 和 $\neg E$ 两个完全相反的事实或动作是由相同原因 A 导致的，显然不合理，说明这一组知识构成了矛盾知识。

当系统知识库中的知识出现循环知识或矛盾知识时，专家系统在推理时必然会出现问题，因此检测到这些情况后，必须进行干预，特别是人工干预，以保证系统知识库的合理优化性。

3.4.3　其他知识不一致性检查

前面说明了该专家系统中知识不一致性在循环知识和矛盾知识方面的处理对策，对于其他不一致性，在此简单说明。

1. 冗余性

该专家系统的知识以关系型数据库记录形式表示，并以相应的二维表来存储，其目的主要是应用现有成熟的关系型数据库知识，特别是数据查找搜索技术来高效地完成专家系统的推理过程。高效地推理最终要体现在高效的查找与搜索方面，而在数据库中要高效地完成查找与搜索，本身就需要数据有一定的冗余度。现在的存储设备成本低、容量大，完全能够进行大数据的存储，因此在该专家系统中，对知识的冗余不进行处理。

2. 命题包含

对于如 $A{\rightarrow}R$ 和 $A{\wedge}B{\rightarrow}R$ 之类的命题包含的知识，用关系型数据库记录表示形式存储时，是用多条元组来存储，即由前提 A（故障源）可以推导出结论 R（故障现象）和由前提 A 及 B（故障源）可以推导出结论 R 分别对应两条记录。处理这类命题包含的知识规则方法如下所示。

算法 3-3：命题包含知识检查方法。

（1）对知识库表进行扫描，搜索结论字段相同的记录元组。

（2）对搜索到的结论字段相同的所有记录元组，检查前提字段的值，分析前提字段内容的包含性。

（3）对于前提字段内容具有包含关系的元组，仅保留前提字段内容最小所在的元组，删除其他元组，对前提字段内容不具备包含关系的元组保留。

3. 命题多余

对于命题多余的知识问题，即 $A \wedge B \rightarrow R$ 和 $A \wedge \neg B \rightarrow R$ 这样的知识，可以将命题 B 及相反的命题 $\neg B$ 结合起来看待，当做一个不需要的前提命题，具体处理方法如下所示。

算法 3-4：命题多余知识检查方法。

（1）对知识库表进行扫描，搜索结论字段相同的元组。

（2）对搜索到的结论字段相同的所有元组，检查前提字段的值，分析前提字段内容中是否有相互对立的知识命题。

（3）对于第（2）步搜索到的一组元组，删除前提字段内容中具有对立关系的部分内容。

（4）按照命题包含检查的方法对知识库再次进行检查处理。

3.5　知　识　存　储

知识是专家系统的核心部分，通过多种方式获得知识后，必须对知识进行组织管理并存储起来形成知识库，以供推理机使用。一般来说，组建知识库时应坚持以下几个原则。

（1）知识具有相对独立性。知识库与推理机构相分离是知识系统的特征之一。因此，在组建知识库时应该保证能够实现这一点，这样就不会由于知识的变化而影响到推理机。

（2）便于对知识的搜索。在推理过程中，对知识库进行搜索是一个非常频繁的操作。知识库的组织方式与搜索过程直接相关，直接影响推理的效率。因此，在确定知识库组织方式时要充分考虑将要采用的搜索策略，使两者能够密切配合，以提高搜索效率。

（3）便于对知识进行维护和管理。对知识的增加、删除、修改、查找是知识库维护管理的基本职能。知识库的组织方式应该能够便于执行对知识的增加、删除、修改、查找等操作，而且还应该能够便于对知识的不一致性及完整性进行检查，同时还应保证一切对知识库操作的高效性。

（4）便于存储用多种模式表示的知识。把多种知识表示模式有机地结合起来是知识表示中常用的方法。例如，把语义网络、框架及产生式结合起来表示领域知识，即可表示知识的结构，又可表示过程型知识。因此，知识库应该能够存储不同形式表示的知识，并且便于对知识的利用。

另外，对于知识库的维护管理，还有一些需要考虑的方面，如重组知识库、记录系统运行的实例、记录系统的运行史、记录知识库的发展史以及知识库的安全保护与保密。特别是最后一条，知识库必须能够保证自身的安全性及保密性。知识库要有一定的措施，如不同操作者的权限、口令验证、自动备份等，以保证自己不被有意无意地操作所破坏、非法篡改、数据信息丢失等，同时也要保证知识库相关的信息不被泄露[50]，不被非法人员获取等。

在本电力变压器故障诊断专家系统中，知识模型是结合产生式模型，以关系型数据库元组的形式表示，对应的知识库也完全以关系型数据库来表示，以便于充分利用现有成熟的关系型数据库相关操作。

3.5.1 关系数据库记录知识数学模型

用关系数据库记录表示知识，一条记录表示一个具有直接因果关系的知识，各记录表示的知识通过相同结论或前提又建立关联，通过这种记录及记录间关联关系建立知识表示的数学模型[51]。即若有记录表示了两条知识 $A{\rightarrow}B$ 和 $B{\rightarrow}C$，则这两条知识通过相同的 B 值建立关联，可以表示出知识 $A{\rightarrow}C$。若有 $A{\rightarrow}B$，$C{\rightarrow}B$，则表示了结论 B 有两个前提 A 和 C，归约时将顺着 A 和 C 两个方向分别归约查找上一级故障源。在变压器故障中，同一个故障现象可能是由不同的故障源产生，也就是 3.2.7 节介绍的，一个结论 Q 可能有多个前提 P，这样在故障搜索过程中，从一个结论（故障现象）开始搜索，将得到多个前提，这多个前提又分别当作结论再继续搜索，直到找到最终前提（故障根源）为止。结果是一个结论（故障现象）可能有多个最终前提（故障根源），整个搜索过程如图 3.12 所示。

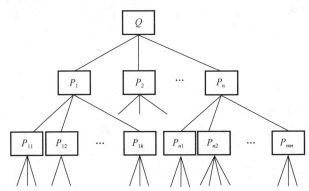

图 3.12 数据库记录规则搜索过程图

从图 3.12 可以看出，数据库记录知识推理过程实质上是一棵树，从树的根开始进行搜索，当搜索到叶子结点时，即认为到达最终前提，也就是树根是故障现象，与之对应的叶子是最终故障源。一个故障现象可能有多个故障源（叶子数）。

由于同一故障现象可能由多种故障源产生，因此树的叶子可能不止一个，在构造数据库表时，需要增加一个表示前提概率的字段，表示该前提能导致该结论的概率。例如，图 3.12 中有对应知识：$P_{11}{\rightarrow}P_1$，$P_{12}{\rightarrow}P_1$，$\cdots$，$P_{1k}{\rightarrow}P_1$，利用数据库表存储这些知识时，增加概率字段，表示结论 P_1 由前提 P_{11} 导致的概率有多少，结论 P_1 由前提 P_{12} 导致的概率有多少，……，结论 P_1 由前提 P_{1k} 导致的概率有多少。这样，搜索归约过程中要根据不同知识的前提概率计算归约后的概率，方法是用所选知识的概率相乘。即对于知识 $A{\rightarrow}B$ 和 $B{\rightarrow}C$，存储时增加一个概率字段，分别表示前提 A 有多大概率导致结论 B 及前提 B 有多大概率导致结论 C，这里暂且将这两条知识表示成关系数据库记录时的概率值记为 α 和 β。当对知识 $A{\rightarrow}C$ 进行变换规约时，这条知识对应概率字段的值为 $\alpha * \beta$。树有多少个叶子，最终故障结果数据库中同一个故障现象将有与树叶相同个数的记录，每条记录对应一个故障源及相应的概率。

另外，在实际情况中，不同的故障现象可能由相同的故障源导致，即归约时有可能某些不同的结论由相同的前提导致，也就是在图 3.12 中树的内部结点有可能完全相同。对于这种情况，由于利用的数据库是关系模型，将相同的故障源看作是不同的，仍然将其搜索过程保持为一棵树，对相同的前提按照不同来对待，从而避免出现网状结构。

3.5.2　关系数据库元组知识的表示

关系数据库的数据结构是一个二维表，表的每一行对应一个元组，每一列对应一个属性。数据按属性分解，按元组存储。以二维表结构来描述客观世界的实体及其联系，对处理结构型数据非常有效。

用关系数据库记录将知识表示出来，一个记录表示一条知识。有些情况下同一个故障现象可能由多个故障源产生，即一果多因。同样相同故障源可能会导致不同故障现象，即一因多果。对这样的情况进行处理，以便用关系数据库记录表示，具体处理思路如下所示。

将这样的情况进行分解，分解为多条记录知识，同时必须增加一个概率字段。对于同一个故障现象可能由多个故障源导致这种情况，给故障源加上概率字段，表示该故障源导致该故障现象的概率。如表 3.6 所示，表示故障现象 Q 由故障源 P_1 产生的概率为 GP_1，由故障源 P_2 产生的概率为 GP_2 等。对于相同故障源可能会导致不同故障现象的情况，给故障现象增加概率字段，表示该故障源导致对应故障现象的概率。如表 3.7 所示，表示故障源 P 产生故障现象 Q_1 的概率为 GQ_1，产生故障现象 Q_2 的概率为 GQ_2 等。

表 3.6　多前提情况知识表

序号	结论 （故障现象）	前提 （故障源）	各个故障源概率
1	Q	P_1	GP_1
2	Q	P_2	GP_2
…	…	…	…

表 3.7　多结论情况知识表

序号	结论 （故障现象）	前提 （故障源）	各个故障现象概率
1	Q_1	P	GQ_1
2	Q_2	P	GQ_2
…	…	…	…

综合以上两种情况，由于在该专家系统推理过程中采用归约的方式，也就是通过故障现象搜索查询故障源，首先确定故障现象，然后搜索故障源，也就是不存在对于一个故障源，具体分析该故障源会导致哪些故障现象。这样对于第二种情况，概率字段没有实质意义，最终的数据库记录知识采用第一种情况。

3.6　知识数据库设计

知识库是问题求解知识的集合，丰富地反映了故障本质的领域专家的经验，知识经过知识处理模块的处理，存储于知识库中，以供推理机使用。所有的实用专家系统都有对数据库的访问需求，如何实现专家系统对知识数据库的有效访问，如何利用数据库技术对专家系统的知识库进行有效管理，是目前急需解决的问题。数据库在数据管理和存储上有极大的优势，并且常规的开发工具与数据库之间的交互功能比较强大，可以方便地对数据库更新和检索，有利于提高专家系统解决问题的速度。

在常规计算机程序中，有关某问题的知识以及利用这些知识去解决该问题的过程是混在一起的，并依赖对问题的每一元素和每一步骤的详细分析进行计算推理。专家系统则是将专家解决问题的知识从程序和数据结构中分离出来，单独描述并构成一个知识库，知识库中的每个知识单元描述一个具体的情况，以及在该情况下应采取的措施。

3.6.1　本系统知识数据库设计

本电力变压器故障诊断专家系统知识库将变压器故障诊断知识抽象成数据库记录，生成知识库，即故障现象和产生该故障的原因以及概率分别对应数据库中不同的字段。而且也将 IEC 三比值等通过计算或测量、试验而得到的不正常数据等抽象为故障现象，导致该不正常数据产生的原因对应记录的前提字段。为了在专家系统完成以后方便对知识维护、扩充，采用的策略是将结论部分和前提部分拆解开来，在数据库中的表现形式就是每一结论和它的直接前提以及相应的概率分别占据同一条记录的各个字段，一条记录存储一条知识。

为了设计处理的方便，数据库中记录结论和前提字段的内容均采用代码符号表示，另外再设计数据词典，用来解释不同代码的具体含义，如表 3.8 和表 3.9 所示。输入和输出时根据数据词典分别进行相应的转换并进行相关解释说明。

表 3.8　知识库

序号	结论	前提	概率
1	A	B	0.5
2	B	D	0.3
3	A_1	F	0.7
4	B_3	T_5	0.6
…	…	…	…

表 3.9　知识库对应数据词典设计

序号	符号	含义说明
1	A	铁心发热
2	B	铁心冷却油缺少
3	A_1	铁心漏磁
4	B_3	铁心多点接地
5	D	铁心冷却油道阻塞
6	F	铁心上的线圈之间有一定的缝隙
7	T_5	遗落金属异物
…	…	…

3.6.2　变压器知识库表及字段说明

下面详细介绍本书知识库的设计。经过分析，该专家系统知识库包括的数据表应该有知识表、完全故障现象与原因对应表、最终故障现象与原因对应表、数据词典表、后备知识库表及后备数据词典表 6 个数据表。

1. 知识表

知识表记录专家系统中所有推理用的知识由知识工程师根据人工专家的知识、经验、技巧以及相关的资料等，通过总结、归纳、计算而获得。知识表的结构包含编号、结论、前提、确定程度、概率及备注 6 个字段。各字段相关说明如表 3.10 所示，其中每条记录的结论和前提字段分别代表变压器的一个故障现象和产生该故障的直接原因的编码，编码的含义通过数据词典解释说明，确定程度字段表示故障现象的程度，用于将模糊推理（fuzzy reasoning）转换为确定推理（后文解释说明）。这三个字段不能完全相同，否则认为是同一条知识。概率字段表示故障原因产生对应故障现象的概率，取值范围为大于 0 小于等于 1。结论、前提、确定程度、概率 4 个字段都不能为空，备注字段为预留之用。

表 3.10　知识表、故障现象与原因对应表结构及各字段说明

字段名称	字段类型	字段长度	字段说明
编号	Integer	4	记录编号
结论	Character	10	故障现象代码
前提	Character	10	产生对应故障现象的原因代码
确定程度	Numeric	3.1	说明故障现象的程度
概率	Numeric	5.3	该原因导致对应故障的概率
备注	Character	20	保留以后扩充之用

2. 完全故障现象与原因对应表

完全故障现象与原因对应表实质是推理机推理出的所有知识构成的数据表。该数据表的每一条记录都表示了一个故障现象和相应的故障原因，包括所有的直接原因和非直接原因。其构造方法是根据知识表中的知识，通过归约的方式进行推理，推理出一个故障现象与故障原因链上的所有现象与原因对应的直接与间接关系。例如，知识表中有如下知识：$B{\rightarrow}A$（故障现象 A 由故障原因 B 直接导致，下同）、$C{\rightarrow}B$、$D{\rightarrow}C$、$E{\rightarrow}D$，通过归约将产生如下故障现象与故障原因对应关系的知识记录而填入完全故障现象与原因对应表：$B{\rightarrow}A$、$C{\rightarrow}A$、$D{\rightarrow}A$、$E{\rightarrow}A$、$C{\rightarrow}B$、$D{\rightarrow}B$、$E{\rightarrow}B$、$D{\rightarrow}C$、$E{\rightarrow}C$、$E{\rightarrow}D$。该表的结构与知识表相同，记录编号按顺序自动产生，概率值由归约中使用的知识概率相乘得到，即记录 $C{\rightarrow}A$ 概率字段的值是知识表中记录 $B{\rightarrow}A$ 和记录 $C{\rightarrow}B$ 概率值相乘之积。确定程度字段值由归约所用知识确定程度字段最小值确定，该表的结构如表 3.10 所示。

表 3.10 的存在，将会极大提高该故障诊断专家系统的效率。一般的专家系统，都是在具体应用时才进行推理，而本故障诊断专家系统充分利用关系数据库技术，在知识加入知识库时就进行推理，将所有的故障现象与对应原因（包含该原因产生该现象的概率）提前得到而存储于数据表中，也就是系统有一个信息量比较大的数据表，记录着所有故障现象及导致该现象的对应原因，应用时仅进行搜索查询，可以极大提高推理效率。

3. 最终故障现象与原因对应表

最终故障现象与原因对应表是完全故障现象与原因对应表的一部分，其结构也与知识表相同，只记录产生一个故障现象的最终原因及对应概率。对应上面知识表中 4 条知识，且 E 为最终故障原因（不能再归约寻找产生 E 的原因），最终故障现象与原因对应表中只登记知识 $E{\rightarrow}A$、$E{\rightarrow}B$、$E{\rightarrow}C$、$E{\rightarrow}D$ 对应的 4 条记录。该表记录了一个故障现象产生的最根本的原因及对应概率，用于专家系统中不需要中间推导而只需要最终故障原因的场合，结构如表 3.10 所示。

完全故障现象与原因对应表和最终故障现象与原因对应表在构造时是同步进行的。应用知识库归约得到相关知识后，录入完全故障现象与原因对应表，若该知识已是最后知识，不能再归约寻找更上一级故障原因，则认为已经是最终原因，对应知识才录入最终故障现象与原因对应表。推理机部分详细介绍了这两个表的构造方法。

4. 数据词典表

数据词典表中保存知识表和故障现象与原因对应表中所有故障现象和原因代码的具体解释和说明，以及领域专家处理方式的建议。数据词典表的结构如表 3.11 所示，共 6 个字段。编号字段登记记录号码，系统自动产生。结论与前提字段是该表的关键部分，用来解释说明对应代码的含义，也是输入输出时对应的转换依据。解释说明应用两个字段"解释说明 1"和"解释说明 2"完成，主要是用于输入相同含义不同解释说明的情况。例如，"冷却油偏少"及"冷却油不够"含义相同，分别占用同一条记录的解释说明 1 字段和解释说明 2 字段，用户输入时选择输入代码或任一条解释说明即可，系统输出时选择解释说明 1 输出。处理方式字段为专家对相应故障原因给出的建议性解决方案。备注字段预留，以备以后扩充之用。

表 3.11 数据词典表各字段说明

字段名称	字段类型	字段长度	字段说明
编号	Integer	4	记录编号
结论与前提	Character	10	故障现象或原因代码。与知识表中对应，当知识表中增加、减少、修改具体代码时，数据词典中必须同步增加、减少或修改相应的记录解释说明代码。
解释说明 1	Character	50	对应代码的具体解释和说明
解释说明 2	Character	50	对应代码的具体解释和说明
处理方式	Character	50	对相应的故障原因给出专家处理方式的建议，可以为空。
备注	Character	20	保留以备扩充之用

5. 后备知识库表及后备数据词典表

当出现专家系统无法解决的问题时，系统会请求用户给出解决方式，此时系统将问题和用户给出的解决方式当做新知识，但由于普通用户无权修改知识库，因此将新知识记入后备知识库及后备数据词典表，并向专家级（有修改知识库权利的管理员级）用户发送有新知识出现的消息，请求专家级用户将新知识转入系统知识库。后备知识库表结构和前面介绍的知识库表结构相同，后备数据词典表结构和前面介绍的数据词典表结构也相同。

3.7　知识库的维护

专家系统中知识库及推理机是一个非常重要的组成部分，因此专家系统的求解速度和知识库与推理机密切相关。好的推理机制能有效地提高推理速度，但推理速度绝对不仅仅是推理机的问题，与知识库的结构等也有非常重要的关系，一个不一致或不完备的知识库就可能极大地降低推理效率。

所谓知识库的维护，是指为保证知识库的有效性及规则的一致性所进行的操作。知识库的维护主要包括添加知识、删除知识、修改知识等几个部分。知识库有效性的标准是能正确地实施推理，系统运行时间少。

本专家系统中，知识库的维护通过两个渠道来完成。一个是自动完成，一个是人工完成。人工完成的知识库维护主要是知识的添加、删除、修改等。当有故障诊断人工专家方面的知识出现时，也就是在工程实践中，新产生了与知识库中所有知识无关的故障现象和故障产生原因的对应知识时，需要用人工的方式将新的规则（知识）按照知识库的格式等要求输入到知识库中。当知识库中某些知识不需要或者有变化时，如由于时间的推移、变压器生产工艺的改进或老式变压器的淘汰等，一些故障现象和原因对应知识将永远不会再用到，或者发生了变化，这时为了提高推理机的效率，需要用人工的方式删除或修改知识库中相应的知识。每一次应用人工方式添加、删除或修改了知识后，知识库都可能在一致性或完备性方面出现一些问题。这时需要重新对知识库进行矛盾知识检查、循环知识检查及其他一致性、完备性方面的检查。同时对于新知识的加入进行机器学习，推导新的知识，这就是知识库维护的自动完成过程。这个过程是每一次知识库人工操作完成保存后必须自动执行的维护操作。

3.8　小　　结

本章首先介绍了知识的特性和分类，以及人工智能对知识表示方法的要求，其次说明了谓词逻辑表示法、框架表示法、语义网络、神经网络及产生式表示法等常见的知识表示形式，提出了用关系数据库记录表示变压器故障的知识表示形式，特别对关系模型的相关知识进行了说明，分析了用关系数据库记录表示知识的优缺点。

知识获取是目前专家系统发展的瓶颈，其基本任务包括知识抽取、知识建模、知识转换、知识输入、知识检测以及知识库的重组这几个方面。知识抽取是把蕴含于信息源中的知识经过识别、理解筛选、归纳等过程抽取出来，并存储于知识库中。知识建模是构建知识模型，主要包括知识识别、知识规范说明和知识精化。

知识转换是把知识由一种表示形式变换为另一种表示形式。知识输入是把用适当模式表示的知识经编辑、编译送入知识库。知识检测是为保证知识库的正确性，需要对知识做好检测。知识库的重组是对知识库中的知识重新进行组织，以提高系统的运行效率。本书介绍的电力变压器故障诊断系统中，知识获取主要是通过知识工程师人工输入和系统自动学习完成的。由于知识不断地增加，各知识之间的关系千差万别，影响系统的正确判断，降低系统推理的效率，甚至不能正确推理出结论，或者会推出与正确结果完全相反的结论，故此也提出了知识冗余性检查、矛盾性检查、循环规则、命题包含与多余等知识库知识的不一致性和不完整性方面的处理算法。

另外，本章详细说明了关系数据库元组的知识表示，提出了通过设置数据库概率字段的方式解决一果多因的情况，设计了本专家系统的知识库结构，包含结论、前提和概率 3 个主要字段，构造了完全故障现象与原因对应表和最终故障现象与原因对应表两个关键的数据表。最后就知识库维护方面说明了自动完成和人工完成两个渠道。

第4章 电力变压器故障诊断专家系统推理机设计

推理是专家系统的核心部分，它决定了专家系统的运行速度和效率。所谓推理，就是根据一定的原则（公理或者规则）从已知的事实（或者判断）出发，推出新的事实（或者判断）的思维过程。其中，推理所依据的事实称为前提（或者条件），由前提推出的新事实称为结论。推理机是实现这一过程的智能程序，其中推理所应用的前提就是保存在知识库中的知识。本章简单介绍了专家系统中常用的推理方式，详细介绍了本故障诊断系统所用的推理机原理，给出了构造故障现象与原因对应表算法及推理机完整算法，为本书设计了推理机及推理机方面的相关工作。

4.1 推理机制简介

推理就是模拟人工专家的思维，从一个结论得出另一个结论的过程。通常是从已知的事实出发，运用已掌握的知识，找出其中蕴含的事实，或归纳出新的事实。推理机用于记忆所采用的知识和控制策略的程序，使整个专家系统能够以逻辑方式协调地工作。推理机能够根据知识进行推理和导出结论，而不是简单地搜索现成的答案。一般来说，推理都包括两种结论：一种是通过已有的经验和已经知道的事实，根据经验和事实得出结论；另一种是由已知结论推出的新结论。

专家系统拥有一种独有的推理机制，可以根据处理对象的不同，从知识库中选取不同的知识单元生成相应的求解序列或应用程序来完成某一指定任务。可见，一旦推理机制和某个专业领域的知识库建成，该系统就可处理本专业领域中各种不同的问题，如同为每个具体问题都编制了具体程序一样，而且这些具体程序的修改调试只需要修改相应的知识单元即可，其推理机制通常保持不变。

4.1.1 推理的方法

传统的形式化推理技术是以经典逻辑为基础的。逻辑是解决问题的思维，是大脑对客观事物的具体分析，是解决一切问题的方法根源。谓词逻辑中由一组已知事实，根据公理系统推出某些结构的演绎过程，称为演绎推理方式。演绎是人类思维的一种主要表现形式，但由于人工智能研究的特点，严格的演绎方式不能够处理所有的问题，各种非经典逻辑推理方式的研究已成为专家系统和人工智能各个领域研究的重要内容之一。

推理就是按某种策略由已知判断推出另一判断的思维过程。在人工智能系统中，推理是由程序实现的，称为推理机。推理从不同的角度可分为以下几类。

（1）演绎推理、归纳推理、默认推理。

（2）确定性推理、不确定性推理。

（3）单调推理、非单调推理。

（4）启发式推理、非启发式推理。

（5）基于知识的推理、统计推理、直觉推理。

1. 演绎推理、归纳推理、默认推理

演绎推理是从一般到个别的推理，推理的主要形式是三段论，由大前提、小前提、结论三部分组成，如以下两个例子。

（1）所有的昆虫都是 6 条腿（大前提），竹节虫是昆虫（小前提），因此竹节虫一定是 6 条腿（结论）；

（2）凡是容易导电的物体都是导体（大前提），棉线不容易导电（小前提），因此棉线不是导体（结论）。

演绎推理的大前提是一般性的规律，小前提是具体事物的性状。由于一般包括了个别，凡是一类事物共有的属性，其中每一个别事物必然具有。因此当前提正确、推理形式合乎逻辑的时候，推出的结论必然是正确的。演绎推理是一种重要的认识方法，可以使人从一般性的原理推导出某种个别事物有无某种性状或属于哪类物体。演绎推理是逻辑证明的工具，人们可以选取确实可靠的命题作为前提，经过推理证明或反驳某个命题。演绎推理是做出科学预见的一种手段，把一般原理运用于具体场合，做出正确的推论，就是科学预见。演绎推理是设计实验、发展假说的一个必要环节。科学假说需要经过实践的检验，检验的方法就是以假设的理论为大前提，根据不同的条件，推导出可以相比的结论，从而设计对比实验，加以证明。演绎推理是由普遍性前提推出特殊性结论的推理。

归纳推理是人类思维活动中最基本、最常用的一种推理形式，人们在由个别到一般的思维过程中经常用到它。归纳推理是从足够多的事例中归纳出一般性结论的推理过程，是一种从个别到一般的推理。归纳推理是一种由特殊或个别性的前提推出一般性结论的推理，其推理的一般形式如下。

A 是 G

B 是 G

C 是 G——前提

A、B、C 都是 D

所以 D 是 G——结论

推理中的前提是论据，结论是论点。

例如，论证"自学能成才"：

高尔基是个人才

华罗庚是个人才

张海迪是个人才——论据（前提）

他们都是靠自学成才的

所以说自学能成才——论点（结论）

若从归纳时所选事例的广泛性考虑，归纳又可以分为完全归纳推理和不完全归纳推理。例如，对某厂进行产品质量检查，如果对每一件产品都进行了严格检查，并且都是合格的，则推出结论"该厂生产的产品是合格的"，这就是一个完全归纳推理。如果只是随机地抽查了部分产品，只要它们都合格，就得出了"该厂生产的产品是合格的"结论，这就是一个不完全归纳推理。不完全归纳推理推出的结论不具有必然性，属于非必然性推理，而完全归纳推理属于必然性推理。但由于要考察事物的所有对象通常比较困难，因而大多数归纳推理都是不完全归纳推理。不完全归纳推理又可分为简单枚举归纳推理、科学归纳推理等。

默认推理又称为缺省推理，它是在知识不完全的情况下假设某些条件已经具备所进行的推理。例如，在条件 A 已经成立的情况下，如果没有足够的证据能证明条件 B 不成立，则就默认 B 是成立的，并在此默认的前提下进行推理，推导出某个结论。由于这种推理允许默认某些条件是成立的，这也就摆脱了需要知道全部有关事实才能进行推理的要求，使得在知识不完全的情况下也可以进行推理。在默认推理过程中，如果某一时刻发现原先所做的默认不正确，则要撤销所做的默认以及由默认推出的结论，重新按新情况进行推理。

2. 确定性推理、不确定性推理

基于推理方法按所用知识的确定性与否划分，可以将推理划分为确定性推理和不确定性推理。

确定性推理是指前提与结论之间有确定的因果关系，并且事实与结论都是确定的。演绎推理以数理逻辑为基础，它所求解问题的事实与结论之间存在着严格精确的因果关系，并且事实总是确定或精确的，因此演绎推理是确定性推理。确定性推理所使用的已知数据和知识是完整的、精确的，推理所得到的结论同样也是确定的、可靠的。但是在人类的知识中，有相当一部分属于人们的主观判断，是不确定和含糊的。另外，为了推理而收集的事实和信息也往往是不完的和不确定的。因此，由这些知识归纳出来的推理知识也往往是不确定的。基于这种不确定的推理知识进行推理，形成结论，成为不确定性推理。在专家系统中，通常采用不确定性的推理，这是由于它所解决的问题大多属于不良结构问题。

例如，有规则：

　　　　如果该细菌的染色斑是革兰氏阴性

　　　　且该细菌的形状为球状

　　　　且该细菌的生成结构呈链形

　　　　那么存在证据表明该细菌是链球菌类（可信度 0.7）

　　这条规则说明，即使前提为真，结论成立的可信度也只为 0.7，而且前提中的事实也可能不完全为真，这也就是说，该规则给出了一个不确定性的因果关系。

　　一般来说，不确定性推理包含两个内容：一个是根据前提推出结论；另一个是根据前提和规则的不确定性（可信度）计算结论的不确定性。

　　专家系统求解的问题大多属于不良结构问题，在处理这些问题时，所给出的证据一般是不确定的和不完全的，所使用的知识以经验为基础，属于启发性知识。因此，根据启发性知识从一些不确定的证据所推出的结论没有正确性保证，只有一定的可靠程度。这种不能保证结论正确性的推理称为不确定性推理，专家系统一般使用不确定性推理。与确定性推理不同，不确定性推理除了考虑采用什么方法推理之外，一个很重要的任务是考虑如何评价结论的可靠程度。

　　3. 单调推理、非单调推理

　　推理方法按推理过程划分，可分为单调推理和非单调推理。

　　建立在谓词逻辑基础上的推理所得出的结果是单调的，它的意思是说，由推理得出为真的命题数目是随着推理时间而严格增加的，这是由于在这个基础上，加了新的真命题，新的定理又可以被证明得出，而且这种加入和证明出的命题决不会与以前已知为真的命题相矛盾，从而不会将已知为真的命题变为无效。但是，从本质上看，人类思维并不是单调的。人们对周围世界中各种事物的认识、信念和看法，处于不断变化和调整中。人类通过推理在获取知识（某种结论）时，往往在情况不断变化或对客观事物所掌握的信息不完全的情况下进行的，因而，获得新知识时，对原有的知识可能要加以修改，甚至抛弃。这种推理是非单调的，其特点是，当公理增加时，公理系统中对定理的数目并不一定随之增加，也有可能减少。非单调推理方法主要有两种：默认推理（也称省缺推理）和约束推理（也称界限推理）。默认推理的形式为当且仅当没有事实证明 S 不成立时，S 总是成立的。约束推理的形式为当且仅当没有事实证明 S 在更大范围成立时，S 只在指定的范围内成立。建立在谓词逻辑基础上的传统系统是单调的，其意思是已知为真的命题数目随时间而严格增加。那是由于新的命题可加入系统，新的定理可被证明，但这种加入和被证明决不会导致前面已知为真或已被证明的命题变成无效。这种系统具有以下优点。

　　（1）当加入一个新命题时，不必检查新命题与原有知识间的不相容性。

　　（2）对每一个已被证明了的命题，不必保留一个命题表，它的证明以该命题表中的命题为根据，这是由于不存在的那些命题会有被取消的危险。

可是，这种单调系统不能很好地处理常常出现在现实问题领域中的 3 类情况，即不完全的信息、不断变化的情况，以及求解复杂问题过程中生成的假设，那么自然就出现了非单调推理的概念。人类的思维及推理活动在本质上并非单调的，人们对周围世界中事物的认识、信念和观点，总是处于不断地调整之中。例如，根据某些前提推出某一结论，但当人们又获得另外一些事实后，却又取消这一结论。在这种情况下，结论并不随着条件的增加而增加，这种推理过程就是非单调推理。传统逻辑不能进行上述非单调推理，这是由于传统逻辑在某些前提下得出某一结论 P 后，就不能再改变了。如果加入新的事实 Q 后能导出非 P 结论，则新的系统是矛盾的，这种情况在传统逻辑中是不允许的。传统的逻辑系统实际上是单调推理，加进系统的新知识（信念）必须与已有的知识（信念）相一致，不引起矛盾。因此，随着运行时间的推移，系统内包含的知识有增无减，这就是所谓的单调性。单调性有以下两个方面的优点。

（1）加入新命题时不需要审查与系统原有知识的相容性，这是由于这些新命题只能补充增加已有知识的逻辑推理结果，不可能引起矛盾。换言之，加入的新命题必定是永真的。

（2）不需要记忆推导过程。这是由于推导的结论永远不会失败，不存在事后审查推导过程的需求问题。

这两点使定理证明技术能简单而有效地应用。但众所周知，真实世界充斥了不完全信息和不断变化的状况，在解决复杂问题的过程中，也要求不断应用并不能保证正确的假设。即使对于一个较简单的问题求解任务，也经常难以找到一组一致性的逻辑公式来表示。即使找到，也不能保证在变化的世界中保持一致性。因此，放宽传统逻辑系统的限制到允许包含假设是必要的。假设可作为推理的依据，但在推理过程中，随着新事物的出现，可能最终会发现原先所做的假设不正确，应予删除，从而造成推理的非单调性，即新知识（事实）的加入会引起已有知识（假设以及基于假设的推理结果）的删除。由此，传统的定理证明和逻辑演绎技术就不再适用，必须开拓面向非单调推理的概念、方法和技术。

非单调逻辑已成为人工智能研究中非常活跃的领域。目前，在非单调推理研究中代表性的工作有 Reiter 的缺省推理（缺省逻辑）、Moore 的自认知逻辑、McCarthy 的界限理论和 Doyle 的真值维护系统。

4. 其他推理方式

其他推理方式还有很多。例如，按是否运用与问题有关的启发性知识分为启发式推理、非启发式推理；按基于方法的推理可划分为基于知识的推理、统计推理、直觉推理。各种逻辑推理方式只是依照不同的角度来划分，这里不再一一介绍。

4.1.2　知识匹配

知识匹配[52]是指对两个知识模式（如两个谓词公式、两个框架片段或两个网络片段等）的比较与耦合，即检查这两个知识是否完全一致或近似一致。如果两者完全一致，或者其相似程度落在指定的限度内，就称它们是可匹配的；否则为不可匹配。

在推理过程中，知识匹配是必须进行的一项重要工作。只有经过知识匹配，推理机才能从知识库中选择出当前适用的知识，从而进行推理。按照匹配时两个知识模式的相似程度划分，知识匹配可分为确定性匹配和不确定性匹配。确定性匹配是指两个知识模式完全一致，或者经过变量代换后变得完全一致。例如，设有如下两个知识模式：

P1：stuCourse（小明，英语）and course（英语）

P2：stuCourse（x，y）and course（y）

"小明，英语"与"x，y"显然是不同的字符串，不能相等。此时不能简单地进行匹配。若用"小明"代替 x，用"英语"代替 y，则 P1 与 P2 就完全一致了，此时这两个模式就是确定性匹配。若两个知识模式不完全一致，但从总体上看，它们的相似程度又落在规定限度内，则为不确定性匹配。

4.1.3　推理控制策略

目前专家系统中采用的推理控制策略有冲突消解策略、正向推理控制策略、反向推理控制策略和正反混合推理控制策略。

1. 冲突消解策略

冲突消解策略是解决怎样在多条可用知识中选择一条最优的知识，是推理过程中的基本控制策略。在实际的专家系统中，一般可以采用知识在知识库中的前后顺序选择知识，或者给知识标记优先级别，通过优先级别选用知识，又或者根据知识的具体程度选用知识等。冲突消解策略是一个基本的控制策略，在其他的控制策略中，往往也会用到这种策略。

2. 正向推理控制策略

正向推理控制策略的基本思想是从已有的信息（事实）出发，寻找可用知识，通过冲突消解策略选择可用知识、启用知识、改变求解状态、逐步求解直至问题解决。正向推理控制策略可以很方便地利用用户提供的有关信息进行求解，但是其执行有时显得没有目的，效率低下。正向推理过程如图 4.1 所示。

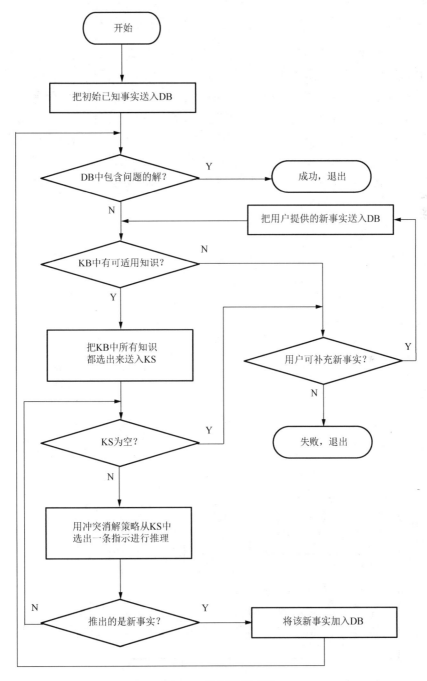

图 4.1　正向推理过程

3. 反向推理控制策略

反向推理控制策略的基本思想是首先选定一个假设目标，然后在知识库中寻找支持假设的知识，若所需要的知识都能找到，则说明原假设成立；若找不到支持假设的知识，说明原假设不成立，系统就需要重新提出假设。实际上，可以对假设分步处理，即可以假设一个中间结论，先查找支持中间假设结论的知识，中间假设证明后，再做新的假设，利用中间假设结论和知识库中的知识再证明新的假设。反向推理方向性强，不用寻找那些与假设目标无关的信息和知识。当然，这种策略中初始假设目标的选取较为盲目，只在求解问题空间较小时比较适合。反向推理过程如图 4.2 所示。

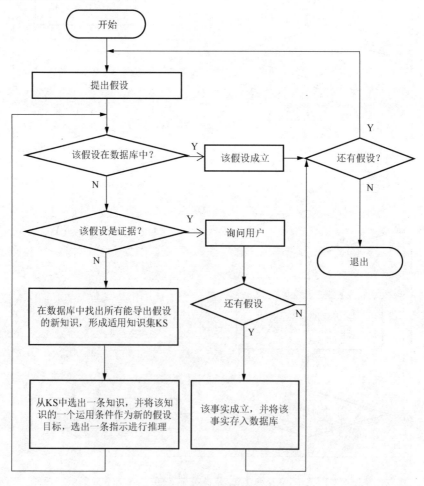

图 4.2　反向推理过程

4. 正反混合推理控制策略

结合正反向推理控制，实行混合推理控制，就是利用正向推理选择初始目标，再用反向推理来进行求解。把正向推理与反向推理结合起来，使其各自发挥自己的优势，取长补短。混合推理可以先正向再反向，或者先反向再正向。

另外还可以进行双向推理，就是正反向推理同时进行，并希望在一个中间结果处"接合"。其基本思想是一方面根据已知事实进行正向推理；另一方面从某假设目标出发进行逆向推理，让它们在中途相遇，即由正向推理所得的中间结论恰好是逆向推理时所需求的证据，这时推理就可结束，逆向推理时所做的假设就是推理的最终结论。双向推理的困难在于碰头的判断。

4.2　系统推理机总体设计

电力变压器故障原因众多，有确定的观察现象和试验结果，也有不确定的观察现象和只能定量、不能定性的试验结果，本书针对这一客观事实，提出了基于关系数据库记录搜索替换的推理机制。

4.2.1　变压器故障诊断专家的思维方式研究

变压器故障诊断专家系统是模拟变压器人工专家思维的一种智能软件系统。因此，首先要搞清楚变压器人工专家是如何进行症状诊断的，了解他们在作判断时的思维过程，由知识工程师和变压器故障诊断专家同时对变压器进行诊断。知识工程师首先为变压器专家提出变压器故障症状，由变压器专家来判断故障症状产生的直接原因是什么。将这个直接原因再看作故障症状，再次由变压器专家判断产生这个症状的直接原因，这个过程一直进行下去直到得到最根本的、需要实际解决的故障原因。由于一个症状可能会由不同的直接原因导致，变压器故障诊断专家在判断导致这个症状的真正直接原因时，需要询问知识工程师其他的故障症状。在这个交流过程中，知识工程师必须详细记录同专家进行交流的所有问题和回答结果。通过这种方式就可以了解变压器故障诊断专家在解决问题时的思维过程。

在变压器故障诊断专家和知识工程师的交流中注意以下几点。

（1）专家在诊断过程中询问了哪些问题。

（2）询问这些问题的次序是什么。

（3）专家在整个思维过程中的思维方向是什么。

变压器故障诊断专家的思维错综复杂，下面举一个思维研究的例子来探讨一下变压器故障诊断专家的最简单的一种思维模式。

　　假设变压器不能正常运行，初步判断是铁心出了故障，变压器故障诊断专家对此症状做出诊断的思维过程及与知识工程师的交流如下。

　　（1）专家询问：故障是什么？

　　知识工程师答：铁心故障。

　　专家思维：可能铁心多点接地，也可能铁心漏磁，还可能铁心过热（假设只有这三个原因）。

　　（2）专家询问：铁心是否多点接地？

　　知识工程师答：否。

　　专家思维：排除铁心多点接地。

　　（3）专家询问：铁心是否漏磁？

　　知识工程师答：否。

　　专家思维：排除铁心漏磁。

　　（4）专家询问：铁心是否过热？

　　知识工程师答：是。

　　专家思维：故障是铁心过热导致。导致铁心过热的原因可能是电源电压偏高，铁轭螺杆接地，铁心冷却油道阻塞，铁心冷却油箱油量偏少（假设只有这四个原因）。

　　（5）专家询问：电源电压是否偏高？

　　知识工程师答：否。

　　专家思维：排除电源电压偏高。

　　（6）专家询问：铁轭螺杆是否接地？

　　知识工程师答：否。

　　专家思维：排除铁轭螺杆接地。

　　（7）专家询问：铁心冷却油道是否阻塞？

　　知识工程师答：否。

　　专家思维：排除铁心冷却油道阻塞。

　　（8）专家询问：铁心冷却油箱是否油量偏少？

　　知识工程师答：是。

　　专家思维：铁心过热是由冷却油箱油量偏少导致的，可以添加冷却油直接解决故障。

　　专家在询问时对导致症状的多个直接原因的先后顺序是专家根据经验依据导致症状直接原因的概率由大到小排列的，只要得到的答复可以明确故障即可做下一步判断。

　　变压器故障诊断专家首先从知识工程师得到铁心故障，然后思考导致铁心故障的多个直接原因，接着依据多个直接原因概率由大到小的顺序依次询问知识工程师，得出是铁心过热所致工作不正常，然后对铁心过热的多个直接原因询问，故障诊断专家对当前变压器的故障逐渐清晰，估计是冷却油箱内油量偏少，导致冷却油循环无力，引起铁心过热故障，最终导致无法正常工作。专家经过推理、判断，最后提出解决策略：请给冷却油箱加冷却油。

　　从以上"问"与"答"的记录看出，变压器故障诊断专家在对铁心故障进行判断时的思维是一种简单的线性思维，他对其产生的原因有着清晰的认识，他脑子里存有铁心故障的各种原因。他的提问显然是在有的放矢地寻找目标，这种寻找目标的过程叫正向链，他在寻找一个假设。最初他的脑子里形成的假设可能是一些造成铁心故障的最常见的原因，如果在这些常见原因中无法得出结论，则也会想起一些已经遇到过的、但不常见的原因。在他的脑子里，铁心过热的原因是以一定的顺序出现的。

　　由此，可以得出变压器故障诊断专家的思维过程如图 4.3 所示。

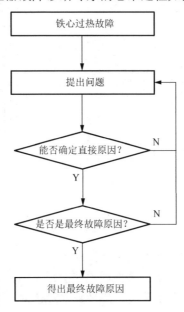

图 4.3　变压器专家思维过程

4.2.2　推理机总体结构

　　对于某一个故障，变压器故障诊断专家脑子里存有这个故障的各种原因，通过询问确定一个原因，这个原因可以理解为这个故障的直接原因，当这个原因不是最终的根本原因时，继续提问、判断每一个故障对应的直接原因，直至找到最终的根本原因，这是人工专家思维的过程。其中对于每一个故障的直接原因，是专家根据大脑的记忆信息来判断的。该故障诊断专家系统推理过程是模拟人工专家推理的过程，由推理机根据故障现象判断该故障的直接原因，一步一步直至找出最终的故障原因。其中推理机判断所需要的信息就是知识库中的知识。

本电力变压器故障诊断专家系统推理机制是将推理机分为两部分，第一部分是根据已有的事实结论和结论与结论之间的推理对应关系（即知识库），采用归约的方式推理构造一个结论与前提对应表（前面提到的故障现象与原因对应表），该对应表包括所有的故障现象与导致该现象的直接原因（即知识库中的知识）和故障现象与导致该现象的非直接原因。也就是该故障现象与原因对应表包含的所有的结论与前提对应关系，包括直接前提与非直接前提。当没有新知识加入知识库时，不必更新故障现象与原因对应表，否则，必须更新故障现象与原因对应表。第二部分是根据用户的输入事实或结论（即故障现象及相关信息），在故障现象与原因对应表中，采用多条件组合查询，得出需要的结论，进而完成整个系统的推理。系统推理总体结构如图 4.4 所示。

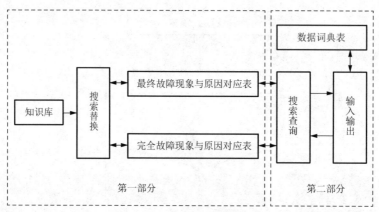

图 4.4　系统推理总体结构图

另外，为了提高搜索速度，在不需要推理中间过程，只需要用户输入的故障现象与最根本故障源的情况下，将推理中间的记录略去，仅登记故障现象与最根本故障源形成的记录并保存于最终故障现象与原因对应表中。系统在最初构造好完全故障现象与原因对应表和最终故障现象与原因对应表，当有新知识加入知识库时，需要更新这两个表。之后在系统使用过程中，通过用户的输入故障现象及用户是否只要求最终故障原因要求，分别在完全故障现象与原因对应表或者最终故障现象与原因对应表中搜索查询，寻找和用户输入的故障现象对应的故障原因，并利用数据词典表转换，最后返回给用户信息。在完全故障现象与原因对应表中，可以搜索到中间的故障原因形成故障现象原因链。在最终故障现象与原因对应表中只能搜索到故障现象与其对应的最终原因。

通过前边的分析可以看出，该故障诊断专家系统主要推理过程是只有新知识增加时才进行推理，平时应用过程中没有新知识增加时，只是利用数据库技术进行搜索查询，由故障现象找故障原因，这样可以极大提高系统的执行速度，这是本故障诊断专家系统的亮点之一。

4.2.3　推理机总体设计方法

前面提到，该系统推理机制将推理过程分为两部分，第一部分构造故障现象与原因对应表；第二部分是在故障现象与原因对应表中搜索查询。推理工作主要在第一部分，怎样构造出相应的故障现象与原因对应表。故障现象与原因对应表分为最终故障现象与原因对应表和完全故障现象与原因对应表，根据本书的推理机制、知识库机构等，经过分析研究，得出构造最终故障现象与原因对应表和完全故障现象与原因对应表这两个表的方法如下所示。

算法 4-1：故障现象与原因对应表构造方法。

（1）初始化，构造最终故障现象与原因对应表和完全故障现象与原因对应表两个空表。打开知识库，记录指针 1 指向知识库首记录，转（2）。

（2）若知识库中记录指针 1 指向末尾，则转（6）；否则，记录指针 1 下移一条记录，转（3）。

（3）将本条记录对应的结论和前提分别保存在变量 J 和变量 Q 中，变量 a 保存对应概率值，构造记录指针 2，转（4）。

（4）用变量 J 和 Q 分别对应记录的结论和前提字段，a 对应概率字段构成新纪录，填入到完全故障现象与原因对应表，使记录指针 2 指向知识库首记录，转（5）。

（5）利用记录指针 2 向下开始从结论字段搜索 Q 值。若搜索到知识库结尾仍未搜索到，则用变量 J 和 Q 分别对应记录的结论和前提字段，a 对应概率字段构成新纪录，填入到最终故障现象与原因对应表，转（2）；否则搜索到后，将对应记录前提字段记入 Q，a 值乘以该记录概率字段值得到新 a 值，即 $a=a^*$概率，转（4）。

（6）最终故障现象与原因对应表和完全故障现象与原因对应表两个表构造完毕，关闭这两个表及知识库表。

故障现象与原因对应表构造过程如图 4.5 所示，其中表 1 为最终故障现象与原因对应表，表 2 为完全故障现象与原因对应表。

利用上述方法构造好最终故障现象与原因对应表和完全故障现象与原因对应表后，即完成了推理工作的第一步。在知识库没有更新时，这一步不用重复执行，可以极大提高推理机的工作效率。专家系统应用时只执行推理机第二步，利用现有成熟的关系数据库技术，通过用户输入的故障现象及相关辅助信息，在关系数据库中进行组合查询。搜索查询前、后利用数据词典表转换（知识库、故障现象与原因对应表只存储各种事实、结论的代码）。

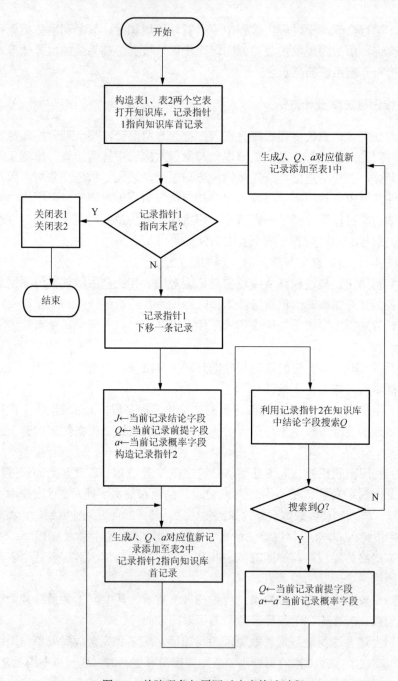

图4.5 故障现象与原因对应表构造过程

4.3　模糊推理设计

专家知识是专家长期实践经验的总结，但在承认其所具有的权威性和科学性的同时，也必须看到它的经验性和专用性。由于知识本身就具有相对性，而专家知识中有不少是专家个人通过实践摸索出来的带有许多"说不清"成分的个人经验，其适用范围及可靠程度不可能预先就有明确的限定。因此，在总结提炼时很难做到"恰如其分"。此外，事物本身具有的不确定性，因时间和条件的限制，缺乏足够的证据或接受了当时分辨不清的错误信息，缺乏可靠的经验等都会造成专家系统中知识表达及推理过程中的不确定性。

另外，现场观测人员观测不准确、计算不精确或者是对一些现象不能完全确定等会造成一些模糊现象的出现。例如，若线圈有轻微过热现象，有的观测人员可能认为属于轻微故障，有的观测人员可能认为故障已经比较严重，不同观测人员对故障现象确定程度的认可有差异。对于此种情况，考虑将所有的可能情况都包含进知识库，并提出模糊推理。即知识库中知识除包含前边提到的结论、前提、概率三个字段后，再增加一个表示故障现象确定程度的字段。当故障现象确定程度不同时故障原因可能不同，因此将故障现象分级，同一性质故障现象但确定程度不同当做不同故障现象对待。

在本专家系统中，模糊推理主要用来诊断因用户最初提供给系统的故障现象明显程度不同或计算结果与正常结果相差程度不同而导致的诊断结果差异的问题。

往常故障诊断专家系统的模糊推理多是应用模糊变换原理，根据各个症状原因之间的不同程度的因果关系，在综合考虑所有症状的基础上，来诊断故障症状的可能原因。本专家系统将故障程度进行分级，对同一表现性质的故障现象由于程度不同而将其当做不同故障现象来对待，进而将模糊推理转换为确定的推理。

本专家系统模糊推理的具体实现如下所示。

电力变压器故障诊断专家系统的输入输出结构是确定的。系统的输入形式为（最初故障现象、确定程度）。其中，最初故障现象是一个广义的概念，不仅包括发热、漏电等直观故障现象，还包括一些计算出的非正常的数据等，如三比值异常等。确定程度根据事实的可信程度从非常明显、明显、一般、轻微、极度轻微、未出现中选择，它们分别代表了初始故障的可信度。非常明显为 1.0，明显为 0.8，一般为 0.6，轻微为 0.4，极度轻微为 0.2，未出现为 0。当确定程度为 0 时，即认为无该故障现象，系统不处理。

由于本专家系统的推理机主要是应用关系数据库的搜索查询技术完成，而且在专家系统应用过程中，当知识库没有变化时推理机实质只是条件组合查询，为此，将模糊推理转换为确定推理，过程如下所示。

在知识表中增加表示确定程度的字段，用来进一步说明故障现象的程度。该字段为数值型数据，取值设置仅为 1.0、0.8、0.6、0.4、0.2，分别表示故障现象非常明显、明显、一般、轻微、极度轻微。对于部分故障，由于故障现象的程度不同，导致该故障现象的原因也可能不同，因此在知识表中用不同的记录来表示。对于产生故障现象没有程度之分的故障，则用一条记录来表示故障现象与对应的原因，该记录确定程度字段为空（含义与为 1 相同）。对于故障现象程度差异是由不同原因导致的知识，在知识库中分为多条记录存储。记录具体数目根据故障现象程度差异分级而定。当故障现象确定程度分为 5 级时，确定程度字段值分别为1.0、0.8、0.6、0.4、0.2。当故障现象确定程度分级不足 5 级时，即故障现象确定程度分为 2 级、3 级或 4 级时，确定程度字段填写程度合并对应的最低级数值，这样可以保证不会丢失低一级程度的故障处理。例如，故障现象程度不分轻微和极度轻微，只分非常明显、明显、一般、轻微（共分了 4 级），则对应记录确定程度字段值分别为 1.0、0.8、0.6、0.2，缺少 0.4。当应用知识库构造完全故障现象与原因对应表和最终故障现象与原因对应表时，确定程度字段的值为所用知识中确定程度值最小的值。

专家系统应用时，输入故障现象后，可以输入故障现象的确定程度，用户根据自己的认可程度输入确定程度数值在 0～100（表示百分数），系统搜索前自动将其转换为最靠近数值，即 0.2、0.4、0.6、0.8、1.0，其中 0 表示无此故障现象，当用户输入非 0、数值较小的确定程度值时，系统不能将其转换为 0，而将其转换为 0.2，否则会将非常轻微的故障处理为无故障。当用户不输入故障现象确定程度时，则默认认为其值为 1。

4.4　系统推理机详细设计

根据 3.6 节和 4.2 节介绍的知识库结构、推理机总体结构设计，应用关系数据库搜索查询技术设计本专家系统的推理机[53]。

前面说明，目前专家系统中采用的推理控制策略有冲突消解控制策略、正向推理控制策略、反向推理控制策略和正反混合的控制策略等，各种推理控制策略都有其各自的优缺点。例如，正向推理可以满足在已知条件下，通过知识和已知的事实，得到未知的结论，从而完成故障预测。但由于正向推理机每次故障判断时都需要进行完整的推理过程，比较耗时，导致推理机工作效率低下。关系数据库具有较高的数据独立性、数据一致性，允许实行查询优化，关系中的关系性明确且具有相对性。因此，利用关系数据库可扩充的元组来描述变化及不断增多的知识，用搜索查询来完成基于关系数据库记录知识的推理，是实现故障诊断专家系统的有效途径，可以极大地提高推理机的工作效率。

4.4.1　系统推理机

本系统综合正向推理，结合知识库的设计和变压器专家思维的方式，充分利用现有关系数据库技术，应用算法 3-1、算法 3-2 和算法 4-1 的方法，提出了改进后的正向推理算法。

算法 4-2：系统完整推理机。

（1）初始化。用关系数据库构造一个知识集数据表。该表的主要字段有结论（故障现象）、前提（产生该故障现象的直接原因）、概率（该结论由此前提导致的概率，当一个故障现象一定是由某一个前提导致时，概率为 1）、确定程度（体现故障现象程度的数值）。构造数据词典表，该表主要字段有结论与前提（表示事实或动作等的符号）、解释说明、专家建议处理方式，转（2）。

（2）向知识库中添加新知识，转（3）。

（3）利用算法 3-1、算法 3-2 进行知识库一致性检查，一致性检查不通过，提示修改知识库直到通过一致性检查。构造与知识库对应的数据词典表，转（4）。

（4）利用算法 4-1 构造完全故障现象与原因对应表和最终故障现象与原因对应表。完成推理机第一部分工作，转（5）。

（5）若有新知识要加入，则转（2）；否则转（6）。

（6）推理机第二部分。若用户需要推理过程，则打开完全故障现象与原因对应表；否则，打开最终故障现象与原因对应表，转（7）。

（7）根据用户输入的故障现象及对应确定程度，通过数据词典表转换为符号，从打开的故障现象与原因对应表中查询，当出现多个故障原因时，依据对应概率大小询问用户进一步的故障现象，若能唯一确定故障原因，则继续查询对应的更进一步的原因；否则对多个原因分别进行查询，查询过程中根据用户输入的故障现象排除部分原因。若查找到原因，通过数据词典表转换为文字说明，并取出对应人工专家建议处理意见，转（8）；若没有查找到原因，转（9）。

（8）输出相关信息。若用户继续查找，则转（7）；否则，结束。

（9）系统无法解决此问题。请求人工输入原因，并将其记入后备知识库表及数据词典表，并向专家级用户发送有新知识出现消息。若用户继续查找，则转（7）；否则，结束。

4.4.2　推理机冲突处理

冲突消解过程，是指在进行推理过程中，若同时有两条以上的规则为竞选规则，系统需要从中选择一条来执行的过程。在不同的系统中，冲突消解的方法是不同的。

本系统是一个故障诊断型专家系统, 构造了完全故障现象与原因对应表和最终故障现象与原因对应表。构造这两个表时希望将所有可能的结果都包含进去, 并且各个知识间并没有先后次序之分, 因此当出现多条知识竞选时, 分别沿不同知识方向都进行处理, 并将处理的结果全部加入到故障现象与原因对应表中, 这样并没有冲突消解的过程。系统应用时是从故障现象与原因对应表中进行多条件组合查询, 自然不需要冲突消解的过程。当搜索到的结果不唯一时说明故障原因不唯一。

4.5　小　　结

本章对推理方式做了简要的说明, 就目前专家系统中采用的冲突消解控制策略、正向推理控制策略、反向推理控制策略和正反混合的控制策略等推理控制策略做出了解释说明。根据本专家系统的特点和要求, 分析了人工专家的思维过程, 提出了包括确定推理和将模糊推理转换为确定推理的推理机。其中, 确定推理是结合本专家系统知识库的设计, 对正向推理机改进后的推理机; 模糊推理是将模糊推理转换为确定推理之后, 通过确定程度因子来区分不同的记录而进行的推理。

本专家系统的推理机包含两部分, 第一部分是根据已有的事实结论和结论与结论之间的推理对应关系, 采用归约的方式推理构造一个结论与前提对应表, 该对应表包括所有的故障现象与导致该现象的直接原因和故障现象与导致该现象的非直接原因; 第二部分是根据用户的输入事实或结论, 在故障现象与原因对应表中, 采用多条件组合查询, 得出需要的结论, 进而完成整个系统的推理。在推理机设计方面, 提出了构造故障现象与原因对应表的算法及推理机完整算法。

第5章 电力变压器故障诊断专家系统

根据用户的要求，结合变压器故障诊断专家系统的特点，利用前面章节分析设计的知识存储方式、知识库设计、推理机设计等，设计开发基于关系数据库的电力变压器故障诊断专家系统软件。

5.1 系统功能需求分析

电力变压器故障诊断专家系统软件主要是为用户进行电力变压器故障诊断所用，从用户的角度，考虑软件应该完成的功能。在此根据用户的要求，结合本软件的设计原理与方法，列出本软件在功能方面的需求。

1. 知识库管理

由于知识是专家系统软件的核心，一个专家系统拥有知识的数量和质量直接体现专家系统的性能和求解问题的能力，系统必须提供对知识库的管理功能，可以增加、删除、修改知识，知识一致性检查等，特别是知识的增加和知识的一致性检查。只有知识能够增加，才能保证专家系统求解问题和性能不断提高。知识一致性检查可以确保知识的正确性，不会出现矛盾知识等。

2. 故障现象与原因对应表生成

本专家系统的推理过程分为两个阶段，第一阶段是根据知识库生成所有的故障现象与原因对应表，以供第二阶段搜索查询使用。因此，系统必须有故障现象与原因对应表生成功能。这个阶段实质是推理的核心，是保证推理第二阶段能够进行的基础，也是本专家系统有别于其他故障诊断专家系统的关键部位。

3. 搜索查询

推理的第二个阶段是在故障现象与原因对应表中进行组合查询，以求得用户输入与故障现象对应的故障原因以及专家建议的处理意见。这个阶段是在第一阶段生成的故障现象与原因对应表中利用现有成熟的关系数据库技术进行搜索查询，以求获得用户所需信息。由于搜索查询在每次应用时都要执行，因此要保证搜索查询的效率。

4. 系统管理

尽管系统的知识库可以修改，而且必须能够修改，但知识库是专家系统的核心，不能随意修改，而且系统也必须在其他方面考虑安全性，因此系统必须有安全性规定。规定哪些用户可以修改数据库，哪些用户只能应用数据库等。系统管理主要是用户管理、安全性管理等方面内容。

5. 帮助

对本系统的操作使用方法、数据库结构说明、数据词典表格式等都必须说明，保证用户使用系统的方便性。另外，用户使用过程中的注意事项、可能遇到的问题以及处理应对措施等都可以在这部分说明，并且这部分对于有权限的用户要保证可以随时增、删、改。

5.2　开发技术与工具

5.2.1　面向对象技术

面向对象技术最初是从面向对象的程序设计开始的，20 世纪 60 年代 Simula 语言的出现标志着面向对象技术的诞生。80 年代中后期，面向对象程序设计逐渐成熟并被计算机界理解和接受。传统的结构化分析与设计开发方法是一个线性过程，即后一步实现前一步所提出的要求，或者是进一步发展前一步所得出的结果。因此，当接近系统实现的后期时，若要对前期的结果作修改，将是非常困难的事情。面向对象技术是一种以对象为中心的分析和解决问题的新方法，它克服了传统方法中对象与行为之间联系松散的缺点，更能体现软件开发中的抽象性、信息隐蔽性和模块化。采用面向对象技术可以提高软件的可靠性、可理解性和可维护性。现在面向对象技术已广泛应用于软件开发的各个阶段，产生了面向对象的分析方法、面向对象的设计方法、面向对象程序设计方法等面向对象技术。

面向对象方法都支持三种基本的活动：识别对象和类，描述对象和类之间的关系，以及通过描述每个类的功能定义对象的行为。Coad 和 Yourdon 将其定义为面向对象＝对象＋类＋继承＋通信。

对象是面向对象方法的基本成分，每个对象都有其自己的属性和可以执行的操作。对象的封装性是将对象的数据结构定义和功能实现封装起来，实现信息的隐藏和数据抽象。

属性一般只能通过执行对象的操作来更改它，操作描述了对象执行的功能。类是一组具有相同数据结构和相同操作的对象的集合，它是关于对象性质的描述，包括外部特征和内部实现。每个对象都属于某个对象类，是该对象类的一个实例。按照"类"、"子类"和"父类"构成了对象类的树型层次关系，下层的可以自然继承上层的对象属性。

通信：消息的传递是对象间相互联系的手段，一个对象通过传递消息要求另一个对象执行其对象类中定义的某一操作，操作的细节对外界是隐蔽的。

5.2.2　开发工具

在开发一个软件系统时，应该慎重地选择高级程序设计语言以及软件开发平台，即软件开发环境。只有正确地选择程序设计语言和软件开发平台才能确保软件设计功能得以顺利实现，否则，会因开发环境的限制，使编程工作无法继续进行或走过多的弯路，从而造成人力、物力的巨大损失。

选择软件开发环境应该遵循以下几条原则。

（1）项目的应用领域。这是选择语言最关键的因素，每一种计算机语言都有各自的应用领域。

（2）支持环境。显然，要选取的语言必须是开发环境所具备的。同时，要考虑支持环境，如编辑工具的优劣，有无高级语言调试工具、丰富的库函数以及程序开发的辅助工具。这些支持工具对软件的开发和维护有很大的帮助。

（3）数据结构。程序的数据结构取决于待解决问题的结构，选取语言时，一定要考虑数据类型能否满足实际问题的需要。

（4）软件的可移植性、项目的规模也是选取语言的因素。

1. Visual Basic 6.0 及 SQL 结构化查询语言

早期的专家系统采用通用的程序设计语言（如 Fortran、Pascal 和 Basic 等）和人工智能语言（如 Lisp、Prolog 和 Smalltalk 等），通过人工智能专家与领域专家的合作，直接编程来实现。其研制周期长、难度大，但灵活实用，至今仍为人工智能专家所使用。大部分专家系统研制工作已采用专家系统开发环境或专家系统开发工具来实现，领域专家可以选用合适的工具开发自己的专家系统，大大缩短了专家系统的研制周期，从而为专家系统在各领域的广泛应用提供了条件。本系统选用 Visual Basic 6.0 及结构化查询语言（structured query language, SQL）作为开发平台。

Visual Basic 6.0 是微软公司开发的编程设计软件，基于 Windows 操作系统可视化编程环境。Visual Basic 6.0 还提供了窗口编辑，可直接对窗口进行编辑和预览。Visual Basic 6.0 因操作简单实用，从其问世以来很受专业程序员和编程爱好者的追捧。Visual Basic 6.0 的组件有很多，如编辑器、设计器和属性等开发组件。Visual Basic 6.0 的工具箱由指针、图片框、标签、文本框、框架、命令按钮、复选框、单选按钮、组合框、列表框、水平滚动条、垂直滚动条、定时器、驱动器列表框、目录列表框、文件列表、形状控件、直线、图像控件、数据控件和 OLE 容器构成。

SQL 语言是一种介于关系代数与关系演算之间的语言，是一种用来与关系数据库管理系统通信的标准计算机语言。其功能包括数据查询、数据操纵、数据定义和数据控制 4 个方面，是一个通用的、功能极强的关系数据库语言，目前已成为关系数据库的标准语言。

SQL 语言集数据查询（data query）、数据操纵（data manipulation）、数据定义（data definition）和数据控制（data control）功能于一体，充分体现了关系数据语言的特点和优点。SQL 语言通过 DDL（data definition language）来实现数据定义功能。可用来支持定义或建立数据库对象（如表、索引、序列和视图等），定义关系数据库的模式、外模式、内模式。常用的 DDL 语句为不同形式的 CREATE、ALTER、DROP 命令。数据操纵功能通过 DML（data manipulation language）实现，DML 包括数据查询和数据更新两种语句，数据查询指对数据库中的数据进行查询、统计、排序、分组、检索等操作；数据更新指对数据的更新、删除、修改等操作。数据库的数据控制功能指数据的安全性和完整性，通过数据控制语句 DCL（data control language）来实现。

SQL 语言简洁、易学易用，具有高度非过程化，用户只需提出"做什么"就可以得到预期的结果，至于"怎么做"则由 DBMS 完成，并且其处理过程对用户隐藏。SQL 语言既可交互式使用，也可以以嵌入形式使用。前者主要用于数据库管理者等数据库用户，允许用户直接对 DBMS 发出 SQL 命令，或者主要嵌入（C、C++等）宿主语言中，被程序员用来开发数据库应用程序。而在两种不同的使用方式下，SQL 语言的语法结构基本上是一致的。这种以统一的语法结构提供两种不同的使用方式的做法，为用户提供了极大的灵活性与方便性。SQL 语言采用集合操作方式，不仅查找结果可以是元组的集合，而且一次插入、删除、更新操作的对象也可以是元组的集合。SQL 语言支持关系数据库三级模式结构。数据库三级模式指内模式对应于存储文件，模式对应于基本表，外模式对应于视图。基本表是本身独立存在的表，视图是从基本表或其他视图中导出的表，它本身不独立存储在数据库中，也就是说数据库中只存放视图的定义而不存放视图对应的数据，这些数据仍存放在导出视图的基本表中，因此视图是一个虚表。用户可以用 SQL 语言对视图和基本表进行查询。在用户眼中，视图和基本表都是关系，而存储文件对用户是透明的。SQL 语言集数据定义语言 DDL、数据操纵语言 DML、数据控制语言 DCL 功能于一体，语言风格统一，可以独立完成数据库生命周期中的全部活动，包括定义关系模式、录入数据以建立数据库、查询、更新、维护、数据库重构、数据库安全性控制等一系列操作要求，这就为数据库应用系统开发提供了良好的环境。例如，用户在数据库投入运行后，还可根据需要随时、逐步地修改模式，并不影响数据库的运行，从而使系统具有良好的可扩充性。在关系模型中实体和实体间的联系均用关系表示，这种数据结构的单一性带来了数据操作符的统一，即对实体及实体间的联系的每一种操作（如查找、插入、删除和修改）都只需要一种操作符。

2. 数据库

数据库系统是在文件系统的基础上发展起来的。但是，数据库系统和文件系统具有本质上的区别。文件系统是操作系统中主要用来管理辅助存储器上的数据的子系统，其中，一个命名的数据集合称为一个文件。它主要提供数据的物理存储和存取方法，数据的逻辑结构和输入输出格式仍由程序员在程序中定义和管理。文件和应用程序紧密相关，每个文件都属于一个特定的应用程序，一个应用程序对应一个或几个文件。不同的应用程序独立地定义和处理自己的文件。文件系统主要有几个缺点：数据共享性差，冗余度大，数据不一致性，数据独立性差，数据结构化程度低。与文件系统相比，数据库系统具有很多优点，其主要的特点和功能如下所列。

（1）信息完整、功能通用。数据库系统不仅存储数据库本身，同时也存储数据库的说明信息。这些说明信息称为元数据，元数据存储在称为数据词典表的特殊文件中。元数据包括数据库中每个文件的结构、每个数据项的存储格式和数据类型、数据的完整性约束。数据库管理系统软件不是仅为少数特定应用设计的，而是为所有应用设计的。数据库互联系统可以通过数据词典表了解数据库中每个文件的结构、每个数据项的存储格式和数据类型等信息，平等的为各种各样的应用服务。

（2）程序与设计独立。在文件系统中，文件的元数据嵌套在应用程序中，文件结构的改变将引起所有存取这个文件的应用程序的改变。相比之下，数据库系统把所有文件的元数据与应用程序隔离，统一存储、统一管理，从而克服了应用程序必须随文件结构的改变而改变的问题。

（3）数据抽象。数据库系统提供了数据的抽象概念表示，使得用户不必了解数据库文件的存储结构、存储位置、存储方法等琐碎的细节就可以存取数据库，它为用户提供了只涉及文件名字和数据项名字的数据的抽象概念表示，隐藏了文件的存储结构和存取方法等细节。

（4）支持数据的不同视图。数据库系统提供了定义、维护和操纵视图机制，使得多个用户可以为他们的应用定义、维护和使用自己的视图。

（5）控制数据冗余。数据库设计阶段，充分考虑所有用户的数据管理需求，综合考虑所有用户的数据库视图，把它们集成为一个逻辑模式，每个逻辑数据项只存储一次，即可避免数据冗余。

（6）支持数据共享。数据库管理系统具有并发控制机制，保证多用户或多应用程序同时更新数据库时结果正确。限制非授权的存取，提供多用户界面，能够表示出数据间的复杂联系，具有完整性约束，易于数据恢复。

Access 数据库管理系统是微软公司推出的基于 Windows 的桌面关系数据库管理系统（RDBMS），是 Office 系列应用软件之一。它提供了表、查询、窗体、报表、页、宏、模块 7 种用来建立数据库系统的对象；提供了多种向导、生成器、模板，把数据存储、数据查询、界面设计、报表生成等操作规范化；为建立功能完善的数据库管理系统提供了方便，也使得普通用户不必编写代码，就可以完成大部分数据管理的任务。本系统的数据库应用 Windows 环境下的 Access 数据库管理系统。

Access 是一种关系型数据库管理系统，其主要特点如下所示。

（1）存储方式单一。Access 管理的对象有表、查询、窗体、报表、页、宏和模块，以上对象都存放在后缀为（.mdb）的数据库文件中，便于用户的操作和管理。

（2）面向对象。Access 是一个面向对象的开发工具，利用面向对象的方式将数据库系统中的各种功能对象化，将数据库管理的各种功能封装在各类对象中。它将一个应用系统当做是由一系列对象组成，对每个对象它都定义一组方法和属性，以定义该对象的行为和外部特征，用户还可以按需要给对象扩展方法和属性。通过对象的方法、属性完成数据库的操作和管理，极大地简化了用户的开发工作。同时，这种基于面向对象的开发方式，使得开发应用程序更为简便。

（3）界面友好、易操作。Access 是一个可视化工具，风格与 Windows 完全一样，用户想要生成对象并应用，只要使用鼠标进行拖放即可，非常直观方便。系统还提供了表生成器、查询生成器、报表设计器以及数据库向导、表向导、查询向导、窗体向导、报表向导等工具，使操作简便，容易使用和掌握。

（4）集成环境、处理多种数据信息。Access 基于 Windows 操作系统下的集成开发环境，该环境集成了各种向导和生成器工具，极大地提高了开发人员的工作效率，使得建立数据库、创建表、设计用户界面、设计数据查询、报表打印等可以方便有序地进行。

（5）Access 支持 ODBC。利用 Access 强大的 DDE（动态数据交换）和 OLE（对象的链接和嵌入）特性，可以在一个数据表中嵌入位图、声音、Excel 表格、Word 文档，还可以建立动态的数据库报表和窗体等。Access 还可以将程序应用于网络，并与网络上的动态数据相连接。利用数据库访问页对象生成 HTML 文件，轻松构建 Internet/Intranet 的应用。

5.3　系统总体设计

根据变压器故障诊断专家系统的特点和用户的要求，结合系统功能需求，将本系统划分为系统管理、知识库管理、矛盾知识检查、循环知识检查、搜索查询、初始化、故障现象与原因对应表生成和帮助 8 个模块。系统模块划分如图 5.1 所示。

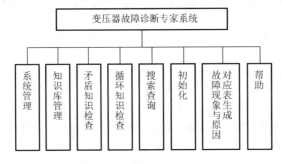

图 5.1　系统模块划分

1. 系统管理

系统管理包括用户管理和专家管理。知识库是本专家系统的核心数据库，除了专家以外，任何使用者都不能更改该数据库中的内容。因此，有必要对所有的使用者进行权限的划分，本系统将用户分为普通用户和专家用户两种，普通用户只能输入故障现象及相关信息后进行搜索查询，以获得故障现象对应原因的操作以及初始化操作等，而专家级用户除了上述操作以外，还有权限进行知识库的增加、删除、修改等操作，有权限进行矛盾知识和循环知识检查操作以及故障现象与故障原因对应表生成操作等。系统管理职能也由专家级用户来实施完成，以保证系统管理的安全性。

2. 知识库管理

知识库是本系统的核心数据库，该部分主要是对知识库进行增加、删除、修改等。当增加和修改知识时，要检查增加的知识或修改后的知识在知识库中是否已经存在，若不存在才可以增加修改，并且要增加修改对应的数据词典表，增加修改完成后还要进行矛盾知识和循环知识检查以确保知识的正确性。若出现矛盾知识或循环知识则要求必须立即进行修改，否则不能保存增加或修改的知识。当知识库增加、删除、修改完成后并通过了矛盾知识检查和循环知识检查，必须进行完全故障现象与原因对应表和最终故障现象与原因对应表更新，否则修改后的知识没有意义。这部分操作只有专家级用户才有权限。

3. 矛盾知识检查和循环知识检查

这部分主要操作是检查知识库中是否存在矛盾知识和循环知识，检查方法在本书 3.3 节做了详细说明。若存在矛盾知识或循环知识，则必须反馈给专家用户出现矛盾或循环的地点及涉及的知识，要求进行处理。一般情况，当检查发现有矛盾知识或循环知识时，系统只能指出知识库存在的问题以及问题存在的位置，而不能自动修改，要求人工专家参与修改处理相应的知识，以便知识库中不出现矛盾知识或循环知识。

4. 搜索查询

该模块接受用户的故障现象及故障确定程度等输入信息，根据用户的要求搜索查询，将搜索到的故障原因以及专家建议的处理意见反馈给用户。若用户只需要导致故障现象最初的根本原因，不需要中间的过程，则在最终故障现象与原因对应表中进行搜索查询，否则在完全故障现象与原因对应表中进行搜索查询，搜索的方法是利用 SQL 语言成熟的查询方法进行条件组合查询。对接受的用户输入以及反馈给用户的结果都要通过数据词典表进行相应的转换和相关说明。

这部分用户要经常使用，普通用户和专家用户都有权限执行这部分操作，而且大多数是普通非专家级用户，因此除了保证能够完成相应功能外，还必须保证输入输出界面的友好性、方便性以及健壮性。这部分操作对于各种数据库表，都是只读性质的。

5. 初始化

该模块主要是在系统执行过程中，当屏幕显示信息杂乱，系统执行步骤混乱时对系统进行初始化。主要完成输入信息文本框的清除、输出屏幕的清除、各种数据表的关闭等，使系统状态回到最初打开系统的状态。

6. 故障现象与原因对应表生成

该模块主要是根据系统的知识库，利用知识库中以记录形式表示的知识进行推理，构造完全故障现象与原因对应表和最终故障现象与原因对应表。只有知识库进行了修改后，并且通过了矛盾知识和循环知识检查，才能进行该部分操作。尽管这部分操作没有归到搜索推理部分，但实质是推理部分，是将烦琐耗时的搜索替换过程提前到知识库变化时处理，执行的次数相对较少，进而提高系统的效率。和知识库修改一样，这部分操作只能是专家级用户才有权限，执行时相对耗时，设计时需要有处理进度等信息的反馈。为了保证系统数据库的完整，这部分执行时以备份数据库形式进行，也就是对和系统数据库表名称不一样的文件先进行保存处理,当得到完整的完全故障现象与原因对应表和最终故障现象与原因对应表后,再替换系统中对应的两个表。

该部分是本故障诊断专家系统推理机的核心,必须保证安全性、完整性等。搜索替换推理方法在本书第 4 章已详细做了说明,此处不再说明。

7. 帮助

该模块主要是一些帮助信息,说明系统的使用方法、注意事项、输入输出格式解释,特别是数据词典表的内容,需要在此详细解释各个代码的具体含义,以方便使用者操作使用。

另外,有以下两点需要说明。

(1)系统退出时,要检查各数据表是否正常关闭,系统退出时必须要关闭完所有的数据表。

(2)系统在使用过程中,对于专家级用户在操作修改相关数据表时,首先备份需要修改变动的数据文件才开始进行修改,修改成功后,自动删除备份的数据文件。若修改不成功,则可以恢复修改前的数据文件。其次在修改操作时一旦操作完成,要随时关闭所有数据表,以防止系统使用过程中突然崩溃或其他原因而导致数据的丢失等。

5.4　系 统 实 现

本系统采用 Access 建立数据库,应用 Visual Basic 6.0 及 SQL 语言开发。SQL语言是非常通俗、方便、功能十分强大的关系数据库处理工具,而且通用硬件上运行速度快,可处理工程领域专家系统中较复杂的问题;Visual Basic 6.0 可设计出友好的、图文并茂的用户界面;具有应用面向对象的开发方式。本系统以关系数据库技术为支撑点,充分利用现有关系数据库技术强大的搜索查询能力,将系统推理机完全用关系数据库技术中的搜索查询技术来完成。系统界面主要由 Visual Basic 6.0 结合数据库工具来完成。

系统启动后,首先是用户登录界面。本系统的用户有以下三类。

(1)系统管理员。主要是本系统用户的管理维护人员,负责对系统管理员、普通用户和专家级用户进行添加、删除和修改,并且给不同用户设置权限。系统管理员一般不直接操作故障诊断部分,是系统的最高级用户,具有系统的所有权限,属于专家级用户,必须具备极高的安全性,而且可限制添加用户的数量,本系统设置系统管理员用户不能超过三个,包括软件设计好后已经存在的系统管理员用户。系统使用过程中真正的用户只有两类,即普通用户和专家级用户,系统管理员主要是管理这两类用户。

（2）普通用户。普通用户是使用本故障诊断专家系统的主要人员，属于应用级操作人员。他们在变电站查看，检测得到变压器运行的相关数据和信息，应用本系统进行电力变压器的故障诊断和解释，并且接收本系统对故障诊断的结果信息，交由相关人员对信息进行处理。

（3）专家级用户。专家级用户除了可以进行普通用户的操作之外，还可以管理知识库，对知识库进行添加、删除、修改以及矛盾知识检查、循环知识检查、故障现象与原因对应表生成及各种数据表的备份操作等。

系统登录成功后主界面如图 5.2 所示。由于用户身份不同所具有的权限也不相同。

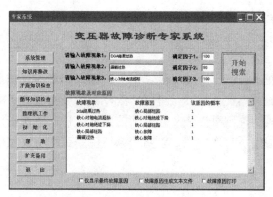

图 5.2　系统主界面

系统主界面左边安排了 9 个按钮，分别是系统管理、知识库修改、矛盾知识检查、循环知识检查、推理机工作、初始化、帮助、扩充备用以及退出。主界面右边上部安排故障现象输入区及搜索按钮，主界面右边下部安排系统信息输出区。系统信息输出区下部有三个可选按钮，分别是仅显示最终故障原因、故障原因生成文本文件、故障原因打印。

（1）按钮区。按钮区包括 9 个按钮。系统管理包括用户管理和专家管理，主要是添加、删除、修改系统的用户，包括系统管理员、普通用户和专家级用户，系统管理员主要管理用户，不直接操作故障诊断部分。普通用户和专家级用户具体操作故障诊断部分，但权限不同，专家级用户可以修改知识库、数据词典表及相关操作等。知识库修改主要是修改知识库中的知识及对应的数据词典表，只有专家级用户有权限，修改完提醒矛盾知识检查和循环知识检查。矛盾知识检查和循环知识检查是在修改了知识库后检查知识的合理性。推理机工作按钮完成本系统推理的第一部分，利用知识库中的知识，通过搜索查询与替换得到故障现象与对应原因（主要是得到故障现象的非直接原因，一个故障现象的直接原因实质就是知识库中的知识），将故障现象与对应原因以关系数据库记录表示，生成完全故障现象与原因对应表和最终故障现象与原因对应表两个表。初始化主要工作是关闭数据库表，清除屏幕显示等，使系统状态恢复到刚打开状态。帮助按钮的功能除了为用户提供系统的使用说明、注意事项等之外，还可以以只读方式打开数据词典表，供用户查询故障现象及故障原因代码的相应含义、专家的处理建议等信息。扩充备用按钮目前的代码和初始化按钮代码相同，主要是为了系统以后扩充功能之用，修改此处代码可完成其他要求功能。

（2）故障现象输入区。这部分通过文本框最多输入三组故障现象及其确定程度，然后在故障现象与原因对应表中搜索查询对应的故障原因。在完全故障现象与原因对应表中搜索，将得到故障现象对应的每一步原因，也就是得到了故障搜索链，可以用来解释故障现象与原因。在最终故障现象与原因对应表中搜索，将得到故障现象对应的最根本原因，即顶层原因，不能得到故障搜索链，仅在应用中为变压器维护人员提供维修目标。在屏幕窗口下部设置是否"仅显示最终故障原因"，用来标记选择搜索的数据表。搜索通过"开始搜索"按钮启动，当搜索过程中由三组故障现象及确定程度不能唯一确定故障原因时，系统会提示是否还有其他故障现象。若有，系统接收输入的故障现象及确定程度后，继续搜索以确定故障原因；若没有，输入新的故障现象及确定程度后，系统返回的故障原因将不唯一。

（3）系统信息输出区。系统信息输出区显示所有的系统输出信息。除系统管理和知识库修改两个按钮将打开新窗口外，其余操作结果信息都在系统信息输出区。主要显示矛盾知识检查和循环知识检查的结果，显示出哪些知识导致知识不一致或不完整，并为专家级用户提供修改建议。另外，该区域显示的一个关键内容是系统推理搜索的结果，显示输入的故障现象对应的原因。是否显示推理链取决于屏幕窗口下部是否"仅显示最终故障原因"设置，若设置仅显示最终故障原因，将不显示推理链，否则，将按推理顺序显示出整个推理用到的知识。搜索结果是否生成文本文件和是否打印，也取决于屏幕窗口下部的"故障原因生成文本文件"及"故障原因打印"设置，当设置了相关信息后，同时进行相应的操作。

5.5　小　　结

本章在结合前几章内容情况下，对本专家系统的总体结构设计和实现加以叙述。首先，根据变压器故障诊断专家系统的特点和使用人员的要求给出了系统的功能性需求分析。本系统要能够完成知识库管理、故障现象与原因对应表生成、搜索查询、系统管理、帮助功能，其中故障现象与原因对应表生成包括故障现象与直接原因对应表和故障现象与所有原因对应表两个表，而且这两个表在有新知识增加到知识库中时才需要执行更新。搜索查询功能是专家系统在应用时执行，根据故障现象寻找原因。其次说明了系统开发所需要的工具和系统总体结构与模块划分。本专家系统开发主要应用 Visual Basic 6.0 及 SQL 作为开发语言，Access 作为数据库，共包含了系统管理、知识库管理、矛盾知识检查、循环知识检查、搜索查询、初始化、故障现象与原因对应表生成、帮助 8 个模块。最后给出了系统主界面说明等具体实现的一些细节。

第6章　应用关系数据库技术推理的拓展研究

推理是专家系统的重要组成部分。本章提出利用关系数据库记录表示知识，通过搜索查询技术，利用记录字段之间的值建立联系，构造出故障现象与原因对应表的推理机制。推理的第一阶段是生成故障现象与原因对应表；推理的第二阶段是在故障现象原因对应表中搜索，查询故障现象与原因的对应关系。本章结合有限状态自动机的理论，根据关系数据库技术特点，构造基于关系数据库技术推理的有限自动机形式，并应用自动机理论对基于关系型数据库记录知识表示的故障诊断专家系统推理机进行分析拓展研究。

6.1　推理的有限状态自动机模型

状态转换图是一个有限的有向图，结点代表状态，用圆圈表示，结点之间可由有向边连接，有向边上可标记字符。状态（即结点）数是有限的，其中必有一个初始状态以及若干个终止状态，终止状态（终态）的结点用双圆圈表示以区别于其他状态。在编译系统中，应用状态转换图可以识别单词等以进行词法分析，识别出标识符、整数、浮点数、运算符等所有的单词。状态转换图非常容易用程序实现，最简单的办法就是让每个状态对应一小段程序。

有限状态自动机（finite automaton，FA）是更一般化的状态转换图。一个有限状态自动机 M 是一个五元组：

$$M =(Q, \ \Sigma, \ f, \ s, \ F)$$

其中，

Q——状态的非空有穷集合，$\forall q \in Q$，q 称为 M 的一个状态；

Σ——输入字母表，输入字符串都是 Σ 上的字符串；

f——状态转移函数，f: $Q \times \Sigma \rightarrow Q$。对 $\forall (q, a) \in Q \times \Sigma$，$f (q, a)=p$，表示在状态 q 读入字符 a 时，将状态变为 p，并将读头向右移动一个位置而指向输入字符串的下一个字符；

s——M 的开始状态，也可以称为初始状态或者初态，$s \in Q$；

F——M 的终止状态集合，$F \subseteq Q$。$\forall q \in F$，q 称为 M 的终止状态。

自动机用来作为语言识别器，建立形式语言与自动机的对应关系，通过自动机得出相应文法的识别程序。自动机具有有穷个状态，在当前状态下，从输入字符串读入一个字符，转变为新的状态，接着再读下一个字符，继续转变状态，直到到达终止状态。将系统由开始状态引导到这种终止状态的所有字符串所构成的语言就是系统所识别的语言。

有限状态自动机根据状态转移函数 f 是否为单值而分为确定的有限状态自动机（DFA）和非确定的有限状态自动机（NFA）。当在目前状态 q 下，遇到输入符号 a 时，转移的下一个状态 q 是唯一确定的，则称该自动机为确定的有限状态自动机，否则，当 q 不唯一时，也就是转移的下一个状态不确定时，称为非确定的有限状态自动机，而且在一个有限状态自动机中只要有一个这样的状态转移函数就可。在非确定的有限状态自动机中，因为某些状态的转移必须从若干个可能的后续状态中进行选择，所以一个非确定的有限状态自动机对符号串的识别必然是一个试探的过程，这种不确定性给识别过程带来反复，无疑会影响到 FA 的工作效率。不过，对于任何一个非确定的有限状态自动机 M，总可以构造一个确定的有限状态自动机 M'，使得 M' 恰好接受 M 所识别的语言（即 $L（M）=L（M'）$，把接受同一语言的任何两个有限状态自动机称为等价的 FA）。可以通过子集法将一个 NFA 确定化[54]为 DFA，也就是找到与 NFA 等价的 DFA。因此，后续分析中，仅以确定的有限状态自动机为例进行分析说明。有限状态自动机一般可以用状态转换图的形式来表示，如图 6.1 所示为确定的有限状态自动机。

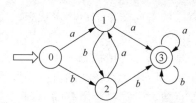

图 6.1　确定的有限状态自动机

6.2　有限状态自动机在基于关系数据库技术推理中的应用分析

本故障诊断专家系统的推理机分为两部分，其中第二部分是在故障现象与原因对应表中搜索查询。推理机的主要工作是在第一部分，系统推理时，推理机程序运用知识库中的知识，不断地进行搜索查询替换，生成新记录添加到故障现象与原因对应表中，直到不能得到新记录为止。这个过程根据知识库中知识的数量不同而表现出不同的工作效率，提高本系统推理机的工作效率必然是在推理机的第一部分。

6.2.1　基于关系数据库技术推理的状态转换

将推理机第一部分推理过程用另一种观点来看，可以作为一个状态转换的过程。知识库中每一条记录对应一个知识，也就是一个故障现象和其对应的直接原因。每当进行一次推理，即通过搜索替换产生一条新记录，实质是搜索到一个故障现象和其对应的非直接原因。例如，有知识 $A{\rightarrow}B$，$B{\rightarrow}C$，$C{\rightarrow}D$，$B{\rightarrow}E$，$E{\rightarrow}F$，对于知识 $C{\rightarrow}D$，C 是故障现象 D 的直接原因，对于知识 $B{\rightarrow}C$，B 是故障现象 C

的直接原因，进行搜索查询替换，通过中间值 C 建立联系进行一次推理，得到新记录知识 $B{\rightarrow}D$，表明 B 是故障现象 D 的非直接原因，每次推理需要知识库中的一条新记录。按照这种思维，可以定义一个初始状态，作为推理的开始状态，之后每输入一条记录，即进行一次推理，将得到一个故障现象和其对应的原因，每推理一次故障现象和其对应的原因不同，可以将每一组故障现象及其对应的原因看作一个状态，推理一次即状态发生变化，认为转到下一个状态。当推理到最终故障原因时，不能再输入记录，认为搜索到根本原因，实质是找到一个故障现象对应的最终原因，推理结束，可以认为到达终态。每次状态的转移是由于输入了一条记录，可以将记录看作输入符号。因此，可以将系统推理当做状态转移的过程，构造出一个推理过程的状态转换图。

例如，对于前面的知识 $A{\rightarrow}B$，$B{\rightarrow}C$，$C{\rightarrow}D$，$B{\rightarrow}E$，$E{\rightarrow}F$，构造出对应这个知识库推理的状态转换过程[55]，如图 6.2 所示（图中箭头标注 s 为初态，双圈标注为终态）。

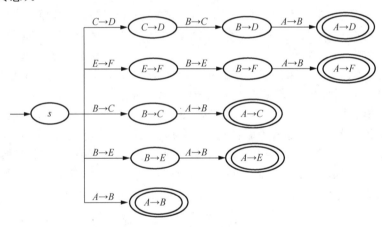

图 6.2　推理状态转换示意图

根据前边设计的推理机制，若知识库含有知识 $A{\rightarrow}B$，$B{\rightarrow}C$，$C{\rightarrow}D$，$B{\rightarrow}E$，$E{\rightarrow}F$ 对应的 5 条记录，则推理构造出的完全故障现象与原因对应表将包含 $A{\rightarrow}B$，$B{\rightarrow}C$，$C{\rightarrow}D$，$B{\rightarrow}E$，$E{\rightarrow}F$，$B{\rightarrow}D$，$A{\rightarrow}D$，$B{\rightarrow}F$，$A{\rightarrow}F$，$A{\rightarrow}C$，$A{\rightarrow}E$ 对应的 11 条记录，最终故障现象与原因对应表将包含 $A{\rightarrow}B$，$A{\rightarrow}C$，$A{\rightarrow}D$，$A{\rightarrow}F$，$A{\rightarrow}E$ 对应的 5 条记录。从图 6.2 可以看出，知识库实质是状态转换图的所有输入符号，完全故障现象与原因对应表是状态转换图除人为构造的初态 s 之外的所有状态，最终故障现象与原因对应表是状态转换图的所有终态。

可以看出，将知识库中记录（知识）看作输入符号，构造出一个有限状态自动机 M，很容易得到本专家系统推理机工作的第一部分结果：M 的所有状态（去除人为增加的开始状态 s）对应完全故障现象与原因对应表，M 的终态对应最终故障现象与原因对应表。

还可以看出，随着推理的进行，状态在不断变化，这一状态变化的过程，就是推理机成功推理出结论的过程。需要说明的是，由于本系统是构造故障现象与原因对应表，这里的推理实质只是本系统推理机第一部分，包含了推理出的所有故障现象与原因对应关系。

6.2.2　基于关系数据库技术推理的有限状态自动机形式

根据前面的观点，推理过程就是一个状态转换过程，可以将有限状态自动机作为一个工具去研究推理。也就是说，推理是内容，有限状态自动机是形式，把推理构造成有限状态自动机。

下面给出本系统推理机第一部分推理的有限状态自动机形式，该部分推理是一个五元组：

$$M = (Q, \ \Sigma, \ f, \ s, \ F)$$

其中，

Q——状态的非空有穷集合，人为构造的状态 s 和知识库中通过推理得到的各个状态的有穷集合。本故障诊断专家系统中，人为构造一个初始状态 s，应用知识库中的知识每进行一次推理，将得到一个新状态。例如，若有知识 $A \to B$、$B \to C$、$C \to D$、$D \to E$，应用第一条记录知识 $A \to B$ 进行推理，得到故障现象 B 与故障原因 A 对应，将这一对应关系表示为一种状态（命名为状态1），再结合知识 $B \to C$ 继续推理得到故障现象 C 与原因 A 对应，即 $A \to C$，将这一对应关系表示为另一种状态（命名为状态2），这样不断推理，还会得到 $A \to D$（命名为状态3）、$A \to E$（命名为状态4）对应的状态。除去初态 s 之外的每一个状态实质是一组故障现象与原因对应关系，如图6.3所示。可以理解为，推理过程就是应用知识构造状态的过程，当所有状态构造完成了，实际上也就得到了本系统所需的故障现象与原因对应表。

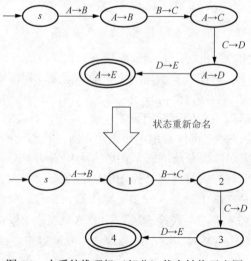

图6.3　本系统推理机（部分）状态转换示意图

Σ ——输入符号表，表示推理应用到的各个知识的集合，即事实数据库。本系统是记录知识，上例中从状态 s 到状态 1，应用了知识 $A \rightarrow B$，知识 $A \rightarrow B$ 就是输入的符号，是 Σ 的成员（这里将一个知识对应的记录当做输入字符，$a = A \rightarrow B$，应用一条知识即认为是输入了一个字符）。

f ——状态转移函数，定义转移函数 f：$Q \times \Sigma \rightarrow Q$。对 $\forall (q, a) \in Q \times \Sigma$，$f(q, a) = p$ 表示在状态 q 读入字符 a，状态转移到 p，即当前故障现象与原因对应关系的状态（状态 q），在应用了知识（输入字符 a）后，转移到另外一个故障现象与原因对应关系的状态。上例中从状态 s 到状态 1，应用了知识 $A \rightarrow B$，对应状态转移函数 $f(s, A \rightarrow B) = 1$，表示在状态 s 下应用（输入）了知识 $A \rightarrow B$ 后转移到状态 1。

s —— M 的开始状态，表示推理前最初的状态。上例状态 s 表示推理开始前的状态。

F —— M 的终止状态集合，$F \subseteq Q$。$\forall q \in F$，q 称为 M 的终止状态，表示推理得到最终结论或者结束推理条件时的状态。上例状态 4 表示推理结束的状态，即对应故障现象 E 的最终原因是 A。本系统中，终态集合就是最终故障现象与原因对应关系。

上述系统有以下特点。

（1）系统具有有穷个状态，不同的状态代表不同的推理阶段。

（2）可以将输入符号表中出现的各个符号集合在一起构成符号集合，系统处理的所有符号都是这个符号集合的子集。

（3）系统在任何一个状态下，从输入字符表中读入一个符号，根据推理过程当前的状态和读入的这个符号转到新的状态。当系统从输入符号表中读入一个符号后，它下一次再读的时候，会读入下一个符号。这就是说，系统相当于维持一个指针，该指针在系统读入一个符号后指向输入符号表的下一个符号。

（4）系统有一个开始状态，系统在这个状态下开始进行推理。

（5）系统中还有多个状态表示终止状态。系统到达这个状态则表示推理结束，中间的输入字符构成推理链。

上述系统是一个有限状态自动机，描述了推理的过程，可以借助自动机的理论来研究推理。

6.3　应用有限状态自动机实现本系统推理

本系统推理机制是将推理机分为两个部分，第一部分是利用知识库构造故障现象与原因对应表；第二部分是在故障现象与原因对应表中进行搜索查询以完成整个推理。现在根据系统知识库构造一个有限状态自动机，利用自动机理论分析完成本系统的推理过程。

6.3.1　推理机的有限状态自动机构造

通过前边的分析，可以利用有限状态自动机进行本专家系统的推理过程。显然，要利用有限状态自动机进行专家系统的推理，必须先根据知识库构造出对应的有限状态自动机。

将现有知识库中的知识看作输入符号，构造一个有限状态自动机，具体方法如下所列。

算法 6-1：推理机有限状态自动机构造方法。

（1）人为构造一个开始状态作为自动机的初始状态。在初态下输入所有符号，不同的输入符号分别进入不同的中间状态，即将知识库中的知识都输入了一次，中间状态的数目与知识数目一致。进入的中间状态含义为知识库中知识表示的故障现象与原因对应关系，转（2）。

（2）对每一个中间状态，寻找下一个输入符号。该符号为这样的知识记录：其结论值与对应中间状态含义的前提值相等。若找到输入符号，转（3）；否则转（4）。

（3）寻找到输入符号后，转移到下一个新中间状态，该新中间状态含义为其前驱状态结论和输入符号前提构成新记录对应的故障现象与原因对应关系，转（2）。

（4）若所有中间状态都按照（2）、（3）处理完，则转（5）；否则，对未处理完的中间状态转（2）继续处理。

（5）将每一个输入符号链最后一个状态标记为终态，完成自动机的构造。

例如，图 6.2 对应有限自动机构造过程，首先构造了一个初态 s，然后分别输入所有知识，得到含义分别为 $A{\to}B$，$B{\to}C$，$C{\to}D$，$B{\to}E$，$E{\to}F$ 的中间状态。在每一个中间状态，寻找输入符号，对于中间状态 $C{\to}D$，找到输入符号 $B{\to}C$，进入到新中间状态 $B{\to}D$，其他中间状态同样处理，构造出所有状态。最后将每个输入符号链最后的状态 $A{\to}D$、$A{\to}F$、$A{\to}E$、$A{\to}C$、$A{\to}B$ 标记为终态。

6.3.2　应用有限状态自动机分析完成推理

根据算法 6-1 构造好有限状态自动机后，就可以利用有限状态自动机理论来分析本专家系统的推理过程。

已知，利用有限状态自动机可以确定一个语言，从自动机的初态开始，将经过的每一条弧上标记的符号按读入顺序连接起来就是一个句子，所有的句子构成语言。由于每一个句子实质就是一个推理链，那么，构造好自动机后，将其识别的语言以句子为单位存储，这时，推理不再根据知识库构造故障现象与原因对应表，而是应用相应的自动机识别出语言，该语言实质就是所有推理链的集合。在该语言的所有句子中，某些句子可能是其他句子的真子集，也就是某些推理链包含其他推理链。由于完整推理链可以包含子推理链，因此可以将该语言中属于其他句子真子集的句子省略掉而不影响系统推理。专家系统应用时，搜索到包含故障现象的句子，从包含该故障现象的符号开始到本句子最后一个符号即为推理链，而且该推理链最后一个符号对应的前提即为对应最初故障源，推理链中间符号为推理中间前提或结论。

例如，对于图 6.2 对应的自动机，所识别的语言如下（5 个句子）：

$C \rightarrow D$ 　　　$B \rightarrow C$ 　　　$A \rightarrow B$

$E \rightarrow F$ 　　　$B \rightarrow E$ 　　　$A \rightarrow B$

$B \rightarrow C$ 　　　$A \rightarrow B$

$B \rightarrow E$ 　　　$A \rightarrow B$

$A \rightarrow B$

经过简化之后剩余的语言为（2 个句子）：

$C \rightarrow D$ 　　　$B \rightarrow C$ 　　　$A \rightarrow B$

$E \rightarrow F$ 　　　$B \rightarrow E$ 　　　$A \rightarrow B$

对于所有的故障现象 D、C、B、F、E，都可以应用这两个句子（推理链）完成推理，寻找到故障源 A。

6.3.3　本系统推理机与应用自动机推理的关系

本系统的推理机与应用自动机进行推理完全等价，而且从理论上分析应用自动机推理更优越。当应用知识库，依据算法 6-1 构造好自动机后，将初态 s 之外所有状态对应的故障现象与原因填入完全故障现象与原因对应表，将所有终态对应的故障现象与原因填入最终完全故障现象与原因对应表，这样就构造完成了本系统推理机的第一部分。

本系统所用推理机的第二部分是在故障现象与原因对应表中搜索查询，以完成最后的推理，而应用自动机推理是在自动机识别的语言中查询。由于自动机识别的语言句子为推理链，只要从推理链中搜索到故障现象，就可以直接得到推理链。而且由于自动机识别的语言经过了化简，在存储容量、搜索速度上都会有所提高。

总之，应用构造故障现象与原因对应表的方式完成了本系统推理机的设计，另外又从自动机角度理论上分析了专家系统推理机的完成。关于应用自动机进行推理只在理论上进行了分析研究，有待进一步经过实践检验。

6.4　小　　结

　　本章首先介绍了有限状态自动机。有限状态自动机是一个包含状态集合、字母表、状态转移函数、初态和终态集合的五元组，用来作为语言的识别器。之后提出了用有限状态自动机来研究基于关系数据库技术推理过程的方法，将该推理过程用有限状态自动机的理论进行阐述，得到推理的数学模型——有限状态自动机的状态转换图，从而可以通过有限状态自动机的理论，分析基于关系数据库记录知识的推理。最后说明了应用有限状态自动机实现本系统的推理过程，特别是给出了本系统推理机有限状态自动机构造方法的具体算法。同时，分析了本系统的推理机制与应用有限状态自动机进行推理的等价性。

第7章　总结和展望

7.1　总　结

本书在简要介绍电力变压器故障诊断技术、方法的基础上，设计实现了电力变压器故障诊断专家系统，主要包括以下内容。

（1）设计了包括确定知识和模糊知识的变压器故障知识库。用关系数据库记录表示知识，对一些模糊的知识，通过增加确定程度字段，采用故障确定程度细化分级的方法将其转换为了多个确定的知识。

（2）提出了基于关系数据库技术的推理机制。将推理过程分为两部分，充分利用关系数据技术，通过对记录字段相关值的查找、替换，构造了故障现象与原因对应表完成推理的第一部分；通过在故障现象与原因对应表中搜索查询完成推理的第二部分。

（3）在理论创新方面，本书充分利用了现有成熟的关系数据库技术，提出了基于关系型数据库技术的专家系统知识表示和推理机制，并将模糊信息经过分级处理转化为多个确定信息的集合，使专家系统仅包含确定的推理过程。将推理过程转换为关系数据库中数据搜索、替换添加新记录的方法，构造出变压器故障现象与诊断结果（故障原因）对应数据库，使专家系统模拟记忆力极强的多个人类专家，将大量的推理过程提前到专家系统学习阶段，提高了专家系统应用时的执行速度和效率。最后，提出了基于关系数据库记录知识推理的有限状态自动机模型，应用有限状态自动机理论对推理过程进行了分析研究与展望。

本故障诊断专家系统主要优点如下所列。

（1）系统采用图形化操作界面，使用方便，易于掌握。

（2）知识库包括确定知识和模糊知识，能够良好反映电力变压器的相关故障，非常便于知识的扩充和用户自定义。

（3）知识库采用关系数据库记录表示，结构性好，便于维护。

（4）系统采用推理机和知识库分离的设计，结构扩展性好，便于今后升级。

（5）推理过程分为两部分，第一部分工作量大，只有知识库有更新时才需要执行；第二部分工作量极小，每次使用需要执行，因而系统运行速度极快，推理效率很高。

（6）提出将模糊推理转换为确定推理的方法。

（7）效率较高，运行稳定。

由于个人经验及对电力变压器故障诊断知识的不足，加之系统知识的表示形式比较单一，本系统的缺点主要有以下几点。

（1）知识库只采用关系数据库记录表示，对于不能转化为关系型结构的复杂数据表示的故障，用该知识库难以表示。

（2）系统最初设计完成后，知识库知识数量不足，只有近两百条知识，不能真正应用于实践之中，系统要真正付诸实践时，还需要电力变压器故障诊断人工专家扩充。

7.2 展　　望

由于电力变压器自身工作的一些特点，以及所处环境的多变性，加之供电网络异常、人为误操作等因素，大型油浸式变压器的故障智能诊断是一个比较复杂的问题。尽管随着故障诊断理论进一步完善以及计算机和传感器技术的发展，故障诊断专家系统的研究已经取得了很大的成绩，但是如何结合计算机技术及人工智能方面的优点，总结出更加智能的故障诊断技术和方法，仍将是以后需要努力的方向。

随着大型变压器设备的进一步发展，其故障也会千变万化，故障诊断也变得更加的复杂，对于现场工程师来说，要分析判断现场的所有故障将会变得越来越困难。现在设计提出的故障诊断专家系统也会随着时间的推移而慢慢不适应用户的需求，需要对现有专家系统进行升级改进。

有必要建立远程故障诊断网络，充分利用现有发达的互联网络，实现异地诊断、技术资源共享及知识共享等，更加高效地实现变压器故障诊断，这将是故障诊断专家系统的一个努力方向。

随着人工智能的大力发展及传感器技术的进一步提高，对于变压器的部分故障，在诊断出故障后自动排除故障也将是一个重要发展方向，即实现故障诊断与自动恢复相结合的专家系统。例如，受潮故障，可以利用传感器获取数据信息后自动启动除潮设备等。

7.2.1 网络电力变压器故障诊断专家系统

专家系统和领域人工专家相比，一个很大的优势就是其拥有的知识不受时间、地域的限制，一个专家系统所拥有的知识可以是很多人工专家的知识。这样就可以从时间、地域两方面优势因素入手，考虑设计开发电力变压器故障诊断专家系统。

第一，不断积累人类专家的经验、知识，实现故障诊断的时差性。也就是在进行变压器故障诊断的过程中，一定会遇到系统知识不足、无法诊断出故障原因的情况。这时可以对该故障情况进行登记，以在后期某个时间继续诊断。例如，定期检查知识库的更新情况，特别是异地知识库更新情况，在知识库更新之后再次进行故障诊断。登记的故障可以人工参与或自动在后期某个时间进行诊断。这样不但可以应用早期人类专家的知识，而且还可以将早期人类专家的知识和现在人类专家的知识相结合，甚至还可以等待以后人类专家的知识以进行电力变压器故障诊断，使知识完全不受时间的限制。

　　第二，设计开发基于互联网的网络电力变压器故障诊断专家系统。这种故障诊断专家系统知识库以分布式形式存储于不同的地域，由当地的相关程序及人员所管理，但在应用上以共享的形式出现。当需要进行变压器故障诊断时，知识的搜索应用将以整个网络电力变压器故障诊断专家系统为基础，对变压器的故障实现远程诊断。

7.2.2　故障诊断与自动恢复相结合的专家系统

　　随着人工智能的大力发展及传感器技术的进一步提高，对于变压器的故障，在诊断出故障后自动排除故障也将是一个重要发展方向，即实现故障诊断与自动恢复相结合的专家系统。

　　一方面，故障的自恢复是故障诊断专家系统的一个研究方向。由于变压器的某些故障排除并不复杂，而且可以实现机器自处理，因此，对于该类故障就可以结合一些硬件设备来实现故障的自动恢复。例如，前面章节提到的受潮故障，还有过热类故障、接触不良类故障等，都有自动恢复的可能性。

　　另一方面，可以实现变压器故障的预判与预处理专家系统模块。当变压器故障一旦发生后，将会造成一定的损失，为了减少损失，可以通过一些传感器等硬件设备，随时监测变压器的运行情况数据信息，将该信息和故障诊断专家系统结合，意在有故障发生征兆、故障发生之前获得故障信息，提前人工或自动地干预，以避免故障的发生，减少损失。

　　总之，对于前期介绍的电力变压器故障诊断专家系统，其设计开发是基于局部应用范围的单机版本，现在对电力变压器故障诊断专家系统提出的展望，仅是一些设想而已，并未付诸实践。在专家系统应用过程中可以通过软件版本的升级等方式实现远程故障诊断和故障自恢复等模块的扩展。

参 考 文 献

[1] 刘白林. 人工智能与专家系统[M]. 西安：西安交通大学出版社，2012.

[2] 蔡瑞英，李长河. 人工智能[M]. 武汉：武汉理工大学出版社，2003.

[3] 董其国. 电力变压器故障与诊断[M]. 北京：中国电力出版社，2001.

[4] 谈克雄. 电力设备状态监测与故障诊断技术的现状与发展[J]. 电力设备，2003，4（6）:1-8.

[5] 王永庆. 人工智能原理与方法[M]. 西安：西安交通大学出版社，1998.

[6] 孔繁胜. 知识库系统原理[M]. 杭州：浙江大学出版社，2002.

[7] 罗忠文，杨林权，向秀桥. 人工智能实用教程[M]. 北京：科学出版社，2015.

[8] 索红军. 一种变压器故障诊断专家系统[D]. 西安：西安电子科技大学，2009.

[9] 刘培奇. 新一代专家系统开发技术及应用[M]. 西安：西安电子科技大学出版社，2014.

[10] 索红军. 影响故障诊断专家系统发展之因素分析[J]. 广西民族师范学院学报，2010，5:55-57.

[11] 索红军. 专家系统中产生式规则研究与分析[J]. 渭南师范学院学报，2011，6:63-65.

[12] 索红军. 一种故障诊断专家系统推理机设计分析[J]. 石家庄：价值工程，2011，30（1）:173-174.

[13] 赵家礼，张庆达. 变压器故障诊断与修理[M]. 北京：机械工业出版社，1998.

[14] 李雷. 基于产生式规则的变压器故障诊断系统[D]. 西安：西安电子科技大学，2008.

[15] 陈刚. 电力变压器典型故障及其演变[J]. 东北电力技术，2002，23（4）:5-8.

[16] 雷铭. 电力设备诊断手册[M]. 北京：中国电力出版社，2001.

[17] 国家能源局. DL/T 722—2014 变压器油中溶解气体分析和判断导则[M]. 北京：中国电力出版社，2015.

[18] 变压器制造技术丛书编审委员会. 变压器绕组制造工艺——变压器制造技术丛书[M]. 北京：机械工业出版社，2000.

[19] 王辉. 变压器油纸绝缘局部放电[M]. 北京：水利水电出版社，2013.

[20] S V 库卡尼. 变压器工程：设计、技术与诊断[M]. 2 版. 陈玉国，译. 北京：机械工业出版社，2016.

[21] 中国电力出版社. 变压器油带电倾向性检测方法 DL/T 385—2010[M]. 北京：中国电力出版社，2010.

[22] 中国电力出版社. 电力设备预防性试验规程/中华人民共和国电力行业标准[M]. 北京：中国电力出版社，1997.

[23] 国家能源局. DL/T 1534—2016 油浸式电力变压器局部放电的特高频检测方法[M]. 北京：中国电力出版社，2016.

[24] 张德明. 变压器真空有载分接开关[M]. 北京：中国电力出版社，2015.

[25] 国家能源局. 电力变压器绕组变形的频率响应分析法 DL/T 911—2016[M]. 北京：中国电力出版社，2016.

[26] 蔡金锭. 电力变压器智能故障诊断与绝缘测试技术[M]. 北京：电子工业出版社，2017.

[27] 咸庆信. 变频器故障诊断与维修 135 例[M]. 北京：中国电力出版社，2013.

[28] 杜剑光. 变压器故障诊断专家系统[D]. 北京：华北电力大学，2003.

[29] 鲍军鹏，张玄平，吕园园. 人工智能导论[M]. 北京：机械工业出版社，2010.

[30] 张启清. 电力变压器故障诊断专家系统的研究[D]. 重庆：重庆大学，2002.

[31] GIARRATANO J C，RILEY G D. 专家系统原理与编程[M]. 北京：机械工业出版社，2000.

[32] 陈水利，李敬功，王向公. 模糊集理论及其应用[M]. 北京：科学出版社，2016.

[33] 罗建波. 基于 DGA 的电力变压器故障诊断技术研究[D]. 杭州：浙江大学，2005.

[34] 罗锦，孟晨，苏振中. 基于关系型数据库的故障诊断专家系统设计[J]. 电测与仪表，2002，39（7）:38-39,60.

[35] 索红军. 计算机应用基础——信息处理技术教程[M]. 西安：陕西师范大学出版社，2012.

[36] 索红军. 赋权图的最小环路遍历路径分析与研究[J]. 渭南师范学院学报，2012，27（10）:78-80.

[37] 索红军. 赋权连通图最小生成树分析研究[J]. 渭南师范学院学报，2015，30（14）:44-47.

[38] 索红军. 基于关系数据库的变压器故障诊断专家系统[J]. 科学技术与工程，2010，10（18）:4503-4505,4520.

[39] 索红军. Visual FoxPro 查询与 SQL 查询执行时间分析[J]. 甘肃科技，2006，22（6）:64-65.

[40] 魏鲁原，崔霞. 专家系统在变压器故障诊断中的应用[J]. 徐州工程学院学报，2007，35（6）:251-253.

[41] 张振山，丁宝成，赵俊严. 自动装弹机电控系统故障诊断专家系统[J]. 计算机测量与控制，2008，16（2）:173-175.

[42] RUSSELL S, NORVING P.Artificial Intelligence:A Modern Approach [M]. Upper Saddle River, USA: Pearson Education，2003.

[43] 索红军. 数据挖掘在商场决策支持中的应用研究[J]. 科学技术与工程，2008，8（14）:3950-3952.

[44] 索红军，孙萧寒，奚建荣. 数据挖掘在商场管理决策应用中的安全研究[J]. 计算机安全，2009，11（9）:29-30.

[45] 陆汝铃. 世纪之交的知识工程与知识科学[M]. 北京：清华大学出版社，2001.

[46] 索红军. 二叉树的静态二叉链表存储[J]. 渭南师范学院学报，2008，23（2）:66-67.

[47] 蔡自兴，约翰·德尔金，龚涛. 高级专家系统：原理、设计及应用[M]. 北京：科学出版社，2005.

[48] 索红军. 最优数字分配策略分析与研究[J]. 渭南师范学院学报，2014，29（7）:28-30.

[49] 索红军. Photoshop 图像处理软件中的拓扑关系[J]. 江西科学，2010，1:118-120.

[50] 陈春鹏，索红军，姚益平，等. 集中式 RTI 中时间管理的不必要性[J]. 计算机科学，2006，33（10）:260-263.

[51] 索红军. 雷达外测数据处理与分析软件数学模型[J]. 计算机应用与软件，2009，26（5）:157-158,165.

[52] BYRD T A, COSSICK K L, ZMUD R W. A synthesis of research on requirements analysis and knowledge acquisition techniques[J]. MIS Quarterly,1992，16（1）:117-138.

[53] 索红军. 计算机软件设计与开发策略[M]. 北京：北京理工大学出版社，2014.

[54] 索红军. 非确定有限自动机 NFA 的确定化[J]. 河南科技，2006，11（6）:41-42.

[55] 索红军，奚建荣. 关于 ε-产生式消除算法的改进[J]. 渭南师范学院学报，2006，21（2）：44-46.